Chemie

WTB

WISSENSCHAFTLICHE TASCHENBÜCHER

GERHARD GEPPERT

Experimentelle Methoden der Molekülspektroskopie

AKADEMIE-VERLAG · BERLIN

Inhaltsverzeichnis

Vorwort

Die Anwendung molekülspektroskopischer Methoden in der Chemie, vor allem in der analytischen Chemie, hat in den letzten 15 Jahren zunehmende Bedeutung erlangt. Ein modernes chemisches Laboratorium ist heute ohne sie nicht mehr denkbar. Ihr erfolgreicher Einsatz ist jedoch eng mit der Vollkommenheit der verwendeten Meßapparaturen verknüpft, besonders was Genauigkeit, Informationsgehalt, Zeitaufwand und Substanzbedarf betrifft. Während es über die Anwendungsmöglichkeiten der verschiedenen Arten der Molekülspektroskopie gute zusammenfassende Darstellungen neueren Datums gibt [1, 2, 3, 4, 5], wird die experimentelle Technik meist nur kurz behandelt. Ausführlichere Darstellungen finden sich in der Literatur sehr zerstreut und sind oft nur einem kleineren Kreis zugänglich; viele sind veraltet [6, 7]. Aufgabe des vorliegenden Bandes ist es, durch zusammenfassende Darstellung des modernsten Standes der apparativen Ausrüstung die Lücke zu schließen. Selbstverständlich können bei dem zur Verfügung stehenden Raum nur die wesentlichsten Techniken behandelt werden, die nach Meinung des Verfassers von besonderer Bedeutung und dem praktischen Spektroskopiker nicht immer ganz geläufig sind. Hinsichtlich älterer, z. T. noch angewandter Arbeitsmethoden wird auf die Fachliteratur verwiesen. Bei der heutigen Tendenz nach weitestgehender Mechanisierung und Automatisierung soll in erster Linie das Augenmerk auf die automatisch registrierenden Apparaturen gelenkt werden.

1. Einleitung

Molekülspektroskopische Methoden ergeben gegenüber den konventionellen chemischen Arbeitsmethoden wesentliche Vorteile: geringerer Zeitaufwand, größere Genauigkeit, geringer Substanzbedarf, zerstörungsfreie Untersuchung der Substanz mit Rückgewinnungsmöglichkeit, objektive Anzeige, bei Registrierung bleibendes Dokument. Gegenüber anderen physikalischen Meßwerten, wie z. B. Dichte, Brechungsindex, Schmelzpunkt, Siedepunkt, Dampfdruck, Dielektrizitätskonstante usw., die für eine ganz bestimmte Substanz nicht spezifisch sind, läßt das Infrarot- oder Raman-Spektrum eines Stoffes prinzipiell eine eindeutige Aussage zu. Ein einziges Spektrum liefert eine Vielzahl von Meßwerten, wobei nicht nur das Vorhandensein einer Bande bei einer bestimmten Frequenz einen Aussagewert besitzt, sondern ebenso das Fehlen einer Bande bei einer anderen Frequenz. Außer den nur qualitativen Bestimmungen läßt sich weiterhin die Intensität einer Bande zu quantitativen Angaben auswerten. Man spricht in diesem Falle von Intensitätsspektroskopie, die sich im Gegensatz zur reinen Frequenzspektroskopie zur Zeit noch ziemlich in ihren Anfängen befindet, nicht allein aus apparativen Gründen. Der für die Frequenzspektroskopie wichtigste Bereich ist das mittlere Infrarot zwischen 2,5 und 25 μm Wellenlänge, entsprechend 4000 bis 400 cm^{-1}, in Wellenzahlen ausgedrückt. Hier liegen die Grundschwingungen der Moleküle, die für eine bestimmte Substanz besonders charakteristisch sind. Man bezeichnet sie deshalb oft als „Fingerabdrücke“ der Moleküle. Das Raman-Spektrum umfaßt den gleichen Bereich, nach niederen Wellenzahlen bis unter 100 cm^{-1} erweitert. Bezüglich der Zuordnung der einzelnen Banden zu bestimmten Molekülgruppen und Schwingungen wurden sogenannte Korrelationstabellen aufgestellt [8]. (Zusammenfassende Angaben bei BELLAMY [9]). Eine ausführliche Darstellung der theoretischen Grundlagen der Infrarot- und Raman-Spektroskopie bringt HERZBERG [10], in etwas kürzerer Form WEST [11]. Eine eingehende Behandlung der Raman-Spektroskopie gaben KOHLRAUSCH [12] und BRANDMÜLLER-MOSER [12a].

Infrarot- und Raman-Spektroskopie liefern nicht identische Ergebnisse. Infolge der verschiedenen Entstehungsursache gibt es zwischen ihnen erhebliche Unterschiede. Während das Infrarotspektrum durch Änderung des Dipolmoments bei den Schwingungen und Rotationen der Moleküle entsteht, ist beim Raman-Spektrum eine Änderung der Polarisierbarkeit maßgebend. Nicht jede Schwingung, die zur Anregung einer Infrarot-Absorption Anlaß gibt, ist im Raman-Spektrum aktiv und umgekehrt. Deshalb bilden beide Spektrenarten eine glückliche Ergänzung, die noch dadurch bestärkt wird, daß sich ramanspektroskopisch auch wäßrige Lösungen untersuchen lassen, was im Infrarot infolge der sehr starken Absorption des Wassers und der Löslichkeit der meisten Küvettenmaterialien kaum möglich ist.

Größere Bedeutung hat in den letzten Jahren auch das nahe Infrarot, der Bereich der Kombinations- und Oberschwingungen der Moleküle zwischen 0,75 und 2,5 μm erlangt. Hier ergeben sich nicht nur apparative, sondern auch in gewissen Fällen theoretisch bedingte Vorteile [13, 14]. Vor allem die Schwingungen des Wasserstoffs treten in diesem Bereich hervor, also CH-, OH- und NH-Schwingungen, was bei der Untersuchung von Wasserstoffbrückenbindungen günstig ist.

Das Absorptionsspektrum im ultravioletten und sichtbaren Bereich entsteht durch Anregung von Elektronensprüngen. Die sichtbare Äußerung dieser Vorgänge ist die Farbe. Die Spektren sind nicht so ausgeprägt wie im IR, in gleicher Weise charakteristische Frequenzen gibt es nicht. Trotzdem finden sich auch hier Gesetzmäßigkeiten, die für die analytische Chemie von Bedeutung sind. Die Absorption im UV bzw. Sichtbaren ist vom Vorhandensein sogenannter chromophorer Gruppen im Molekül abhängig. Substitution im Molekül kann die Absorption nach kurzen oder langen Wellen verschieben (hypsochrome bzw. bathochrome Wirkung). Bei manchen Stoffen, z. B. aliphatischen Kohlenwasserstoffen und einigen ihrer Derivate liegt die Absorption im fernen UV (Vakuum-UV). Das Hauptanwendungsgebiet der Spektroskopie im UV und Sichtbaren liegt bei der quantitativen Analyse. Meist werden verdünnte Lösungen in einem nicht absorbierenden Lösungsmittel untersucht.

Mit ähnlichen Apparaturen kann man Fluoreszenz- und Phosphoreszenzspektren erhalten, bei denen es sich ebenso wie bei den Raman-Spektren um Emissionsspektren handelt [11].

2. Kurzer Überblick über die Entwicklung der experimentellen Technik

Obwohl die Entdeckung der Dispersion des Lichtes durch Isaac NEWTON bereits sehr weit zurückliegt (1704), konnte sich die experimentelle Technik auf diesem Gebiet nur recht langsam entwickeln. Erst 100 Jahre später war es vor allem Josef VON FRAUNHOFER, der durch die Einführung des Spaltes eine brauchbare Prismenanordnung schaffen konnte, mit der er dann auch die nach ihm benannten Absorptionslinien im Sonnenspektrum entdeckte. Die Erkenntnis, daß jedes Element sein eigenes Linienspektrum aussendet, stammt von BUNSEN und KIRCHHOFF (1859), die somit die eigentlichen Begründer der chemischen Spektralanalyse wurden und auch den ersten praktisch verwendbaren Spektralapparat gebaut haben.

Während die Emissionsspektroskopie zur Untersuchung von Metallen und Mineralien gegen Ende des 19. Jahrhunderts bereits eine Bedeutung besaß, kann man von einer praktischen Anwendung der Absorptionsspektroskopie im sichtbaren und ultravioletten Bereich erst nach 1930 sprechen. Neben rein visuellen Methoden (im sichtbaren Gebiet) bestand die Arbeitstechnik vor allem in der Aufnahme von Spektren auf einer photographischen Platte. Die Entwicklung moderner lichtelektrischer Geräte begann erst nach dem zweiten Weltkrieg parallel mit den Apparaten für den infraroten Bereich.

Die Entdeckung der infraroten Strahlen erfolgte im Jahre 1800 durch Sir William HERSCHEL. Seine experimentelle Anordnung bestand darin, daß er ein Prismenspektrum des Sonnenlichts auf einen Tisch projizierte und mittels mehrerer Thermometer die Wärmeverteilung untersuchte. Zu seiner Überraschung lag die höchste Temperatur nicht im Gelbgrün, wo das Auge die größte Helligkeit empfand, sondern außerhalb des sichtbaren Spektrums, jenseits des Rot, weshalb er diesen Bereich Infrarot nannte und eine neue Strahlungsart vermutete. Durch weitere Untersuchungen konnte HERSCHEL beweisen, daß die infrarote Strahlung den Gesetzen der Optik gehorchte. Das gleiche konnte er auch für die von erhitzten Körpern ausgehende Strahlung zeigen. Weitere Nachforschungen waren damals kaum möglich, da zum Nachweis der Strahlung nur gewöhnliche Thermometer zur Verfügung standen.

Im Jahre 1830 wurde von L. NOBILI das Thermoelement als Nachweisgerät thermischer Strahlung eingesetzt, nachdem 1826 von SEEBECK der thermoelektrische Effekt entdeckt worden war. MELLONI schaltete mehrere solcher Thermoelemente zu einer Thermosäule hintereinander und erreichte so eine gesteigerte Empfindlichkeit.

Interessant sind auch die Arbeiten von Sir John HERSCHEL, dem Sohn des Entdeckers der infraroten Strahlen. Diesem gelang die Sichtbarmachung des Infrarotspektrums, indem er es auf berußtes Papier fallen ließ, das mit Alkohol getränkt war. Je nach der Intensität der auftreffenden Strahlung verdampfte der Alkohol verschieden schnell und hinterließ ein Muster.

Die Natur der infraroten Strahlung als elektromagnetische Schwingung, die sich von dem sichtbaren Licht nur durch eine größere Wellenlänge unterscheidet, konnte erst 1847 durch Interferenzmessungen von H. L. FIZEAU und L. FOUCAULT, später von K. H. KNOBLAUCH bewiesen werden. Genaue Wellenlängenmessungen waren damals noch nicht möglich, da lediglich bei den verwendeten Prismen die Dispersionskurve extrapoliert werden konnte. Außerdem lag die damals nachweisbare größte Wellenlänge selbst noch im Jahre 1879 (M. MOUTON) bei etwa 2,14 μm. Erst 1880 gelang es bis 7 μm vorzudringen, und in den folgenden Jahren mußte man allmählich einsehen, daß eine Grenze der langen Wellen offenbar nicht existierte. Die Wellenlängen wurden ausschließlich mittels des einfachen Interferometers gemessen.

Erst die Erfindung des Bolometers, eines Widerstandsthermometers, durch S. P. LANGLEY im Jahre 1880 brachte die Forschung einen großen Schritt weiter. Da seine Empfindlichkeit die des damaligen primitiven Thermoelements um ein Vielfaches übertraf, konnten jetzt auch Messungen mit Gittern ausgeführt werden, was zu genauen Wellenlängenmessungen führte. Gegen Ende des vorigen Jahrhunderts war es durch die Reststrahlenmethode von RUBENS möglich, zu Wellenlängen bis 300 μm vorzudringen und so eine mögliche Schließung der Lücke bis zu den HERTZschen Wellen vorauszusehen. 1920 konnte dann noch experimentell bewiesen werden, daß sich infrarote Strahlung bis zu 90 μm Wellenlänge durch elektrische Oszillatoren erzeugen läßt. Ab 1934 wurde die Absorption im Mikrowellenbereich meßbar verfolgt.

Die weitere Verbesserung der Meßmethoden zu Beginn unseres Jahrhunderts machte die Untersuchung zunächst verwaschener Schwingungsbanden möglich, die schließlich in einzelne Linien aufgelöst werden konnten. Neben dem Bolometer gelang auch eine bedeutende Steigerung der Empfindlichkeit von Thermosäulen. Zur Anzeige wurden verbesserte Galvanometer verwendet. Geeignete Prismenmaterialien wurden gefunden und schließlich 1910 durch die Einführung des Echelette-Gitters von Wood der Weg zur Gewinnung von Spektren hoher Auflösung freigelegt. Erst zwischen 1920 und 1930 gewann die Anwendung auf chemische Probleme steigende Bedeutung. Für die Industrie war das neue Gebiet jedoch erst dann von Interesse, als ein modernes registrierendes Gerät zur Verfügung stand. Das erste registrierende Infrarot-Spektralphotometer wurde von Lehrer bei der BASF in Ludwigshafen 1937 gebaut [16]. Ab 1940 wurden vor allem in den USA derartige Apparaturen industriell gefertigt. Den enormen Fortschritt auf apparativem Gebiet kann man sich erst dann richtig vergegenwärtigen, wenn man bedenkt, daß nach den früheren Meßmethoden die Aufnahme eines Infrarotspektrums mit punktweiser Abtastung eine viele Stunden dauernde mühsame Arbeit war, die zur Ausschaltung äußerer Störquellen meist nachts in Kellerräumen durchgeführt wurde, wobei die Apparate oft noch vom Nebenraum aus bedient werden mußten. Die modernen Geräte liefern dagegen ein einwandfreies Spektrum völlig automatisch in wenigen Minuten und sind gegen Einflüsse der Umgebung weitgehend unempfindlich [7, 17].

Die Raman-Spektroskopie ist erst jüngeren Datums. Bestrahlt man eine klare Flüssigkeit seitlich mit starkem monochromatischem Licht, dann beobachtet man im Spektrum des senkrecht zur Einstrahlung gestreuten Lichtes nicht nur die Wellenlänge der Erregerlinie, sondern zu beiden Seiten schwächere Linien anderer Wellenlängen. Diese Entdeckung machte C. V. Raman im Jahre 1928, nachdem der Effekt bereits 1923 von Smekal theoretisch vorausgesagt worden war. Die Ramanstreuung kann nicht nur senkrecht zur Einfallrichtung des

Lichtes beobachtet werden, wenn es auch so am günstigsten ist. In der Sowjetunion wurde der Effekt fast gleichzeitig von LANDSBERG und MANDELSTAM gefunden. Die Erforschung wurde zum großen Teil von K. W. F. KOHLRAUSCH [12] durchgeführt. Da die Intensität der Streustrahlung sehr gering ist, sind die experimentellen Schwierigkeiten erheblich, was auch ein Grund für die so späte Entdeckung der Erscheinung war. Andererseits hatte man hier gegenüber dem Infrarot den Vorteil, daß die Strahlung im sichtbaren Gebiet liegt und somit photographisch aufgezeichnet werden kann, wenn auch die Belichtungszeiten oft mehrere Stunden betragen. Für quantitative Messungen ergaben sich beim photographischen Verfahren erhebliche Schwierigkeiten, die erst durch Einsatz genügend empfindlicher lichtelektrischer Empfänger und registrierender Geräte nach 1945 zum Teil ausgeschaltet werden konnten. Die photographische Methode wird jedoch auch in nächster Zukunft ihre Bedeutung nicht ganz verlieren, vor allem für lichtschwache Spezialuntersuchungen. Die gegenüber der Infrarotspektroskopie etwas geringere Verbreitung der Raman-Spektroskopie hat ihre wesentlichste Ursache im Fehlen geeigneter Meßapparaturen, deren Leistungsfähigkeit mit der der Infrarotgeräte vergleichbar ist. Vor allem ist auch der z. Zt. noch höhere Substanzbedarf oft ein nicht zu unterschätzendes Hindernis. Zum Teil können die geschilderten Schwierigkeiten durch Benutzung des Cary-Gerätes überwunden werden.

3. Allgemeine Prinzipien im Aufbau der Apparaturen

3.1. Die Dispersion der Strahlung

Die Zerlegung einer aus Licht verschiedener Wellenlängen zusammengesetzten Strahlung in die einzelnen Wellenlängen kann auf zwei prinzipielle Arten erfolgen, entweder durch Brechung oder durch Beugung, je nachdem, ob als Dispersionselement ein Prisma oder ein Gitter eingesetzt wird.

3.1.1. Prismengeräte

Die Grundanordnung eines Prismengerätes zeigt Abb. 1. Das durch einen engen Spalt eintretende Licht wird von einer Kollimatorlinse parallelgerichtet und durchsetzt dann das Prisma. Da der Brechungsindex eine Funktion der Wellenlänge darstellt, wird das Licht verschiedener Wellenlängen in unterschiedlichen Winkeln abgelenkt. Eine Objektivlinse sammelt die zerlegte Strahlung im Abstand ihrer Brennweite. Verwendet man eine Lichtquelle mit diskontinuierlichem Spektrum, kann man in der Brennebene des Objektivs ein Linienspektrum beobachten, wobei jede Spektrallinie ein Bild des Spaltes ist. Erfolgt die Beobachtung des Spektrums mittels eines Okulars, dann spricht man von einem Spektroskop. Beim Spektrographen hingegen wird das Spektrum auf eine Photoplatte projiziert und aufgenommen. Schließlich kann man längs der Projektionsebene des Spektrums einen zweiten Spalt, den Austrittsspalt, verschiebbar anordnen, um jeweils nur eine bestimmte Wellenlänge auszublenden, oder aber man bringt den Austrittsspalt fest an und läßt das Spektrum durch Drehen des Prismas oder eines Spiegels an ihm vorüberwandern; diese Anordnung zur Herstellung monochromatischen Lichtes nennt man Monochromator.

Die in Abb. 1 gezeigte Anordnung wird in der Molekülspektroskopie heute kaum noch verwendet. Die Linsenoptik hat einen entscheidenden Nachteil. Da die Linsen normalerweise aus dem gleichen Material bestehen wie das Prisma, ist ihre Brennweite infolge der Dispersion wellenlängenabhängig. Bei Geräten für den sichtbaren Bereich, die mit Glasoptik ausgestattet sind, muß man achromatische Kollimatorlinsen verwenden und die Photoplatte unter einem schiefen Winkel zur Einfallsebene anordnen.

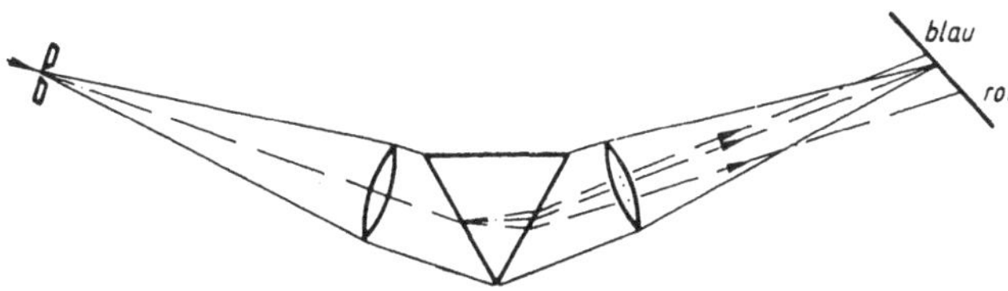

Abb. 1 Grundanordnung eines Prismenspektrographen

Durch besondere Berechnung des Objektivs gelingt es, das Spektrum annähernd auf einer Ebene abzubilden. Geringe Abweichungen lassen sich durch Verbiegen der Platten nach einer berechneten Schablone korrigieren. Auch im ultravioletten Bereich ist diese Methode anwendbar, wenn auch die Korrekturmöglichkeiten wesentlich schwieriger sind. Während man im sichtbaren Gebiet Glasarten verschiedenster Dispersion und Brechung zur Verfügung hat, stehen im UV im wesentlichen nur zwei Materialien zur Auswahl bereit, Quarz und Flußspat. Die aus der Emissionsspektralanalyse bekannten Quarzspektrographen sind mit Quarzprisma und Quarz-Flußspat-Achromaten ausgerüstet. Glasspektrographen großer Lichtstärke werden z. T. noch in der Raman-Spektroskopie eingesetzt.

Die für einen Spektrographen bzw. Monochromator wesentlichsten Kenngrößen sind:

1. Auflösungsvermögen
2. Lichtstärke
3. Streulichtanteil.

Das Auflösungsvermögen A eines Prismas bei der Wellenlänge λ ist nach RAYLEIGH folgendermaßen definiert:

$$A = \frac{\lambda}{d\lambda} = \sum_{\nu=1}^{k} \frac{dn_\nu}{d\lambda} \cdot L_\nu$$

(n = Brechungsindex, L = Weglänge im Prisma).

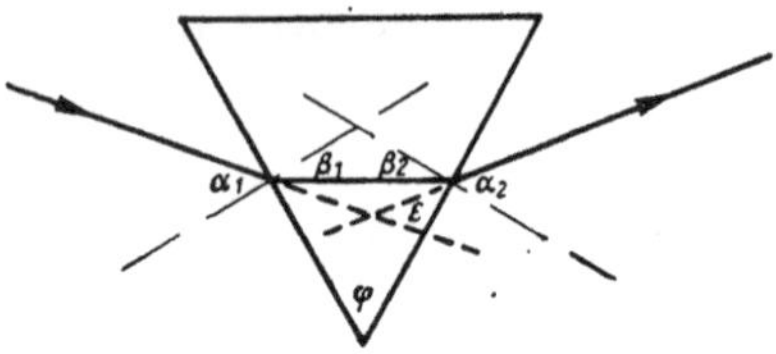

Abb. 2
Strahlengang im Prisma beim Minimum der Ablenkung

Für das Minimum der Ablenkung (Abb. 2) ist der Strahlengang symmetrisch, und das Auflösungsvermögen hat ein Maximum. In diesem speziellen Falle ist $L = b$ (b = Prismenbasis), und

$$A = -b \frac{dn}{d\lambda}.$$

Der Ausdruck $\frac{dn}{d\lambda}$ ist ein Maß für die Dispersion des verwendeten Prismenmaterials, man bezeichnet ihn als Materialdispersion.

Das Auflösungsvermögen hängt aber auch noch von der verwendeten Spaltbreite ab. Die geometrische Spaltbreite ist jedoch als Einzelangabe wertlos. Maßgebend ist die spektrale Spaltbreite $\Delta\lambda_s$, d. h. der Wellenlängenbereich, der durch den Spalt fällt. Nach WILLIAMS [7] ist für einen Littrow-Monochromator (siehe weiter unten)

$$\Delta\lambda_s = \frac{1}{2D} \cdot \frac{s}{f} + F(s) \frac{\lambda}{2b \frac{dn}{d\lambda}}.$$

Hierbei bedeuten $D = \frac{d\varepsilon}{d\lambda}$ die Winkeldispersion (Abb. 2), s die geometrische Spaltbreite (bei ungleicher Breite von Ein- und Austrittsspalt gilt $s = \frac{s_1 + s_2}{2}$), f die Brennweite des Kollimatorspiegels, und $F(s)$ ist eine Funktion, die bei $s = 0$ den Wert 0,89, für $s\,[\mathrm{cm}^{-1}] = \frac{\nu}{2b\,\frac{dn}{d\lambda}}$ den Wert 0,5 hat. Verwendet man statt der Wellenlänge λ die in der Molekülspektroskopie gebräuchlichere Wellenzahl ν [cm^{-1}], also die Zahl der Schwingungen pro cm, ergibt sich

$$\Delta\nu_s = \nu^2 \frac{1}{2D} \cdot \frac{s}{f} + F(s)\,\frac{\nu}{2b\,\frac{dn}{d\lambda}}.$$

Die Winkeldispersion hängt außer von der Materialdispersion noch vom brechenden Winkel φ des Prismas und von dessen Brechungsindex n ab, wie sich aus Abb. 2 leicht ableiten läßt:

$$D = \frac{d\varepsilon}{d\lambda} = \frac{2\sin\frac{\varphi}{2}}{\sqrt{1 - n^2\sin^2\frac{\varphi}{2}}} \cdot \frac{dn}{d\lambda}.$$

Bei Spektrographen interessiert noch die Lineardispersion. Darunter versteht man den Wellenlängenbereich, der auf die Längeneinheit der Photoplatte projiziert wird, also $D_L = D \cdot f$.

Aus all dem geht hervor, daß zur Erlangung eines hohen Auflösungsvermögens ein Prisma mit großer Basis b, großem Brechungsindex n und großer Materialdispersion $\frac{dn}{d\lambda}$ erforderlich ist. Die geometrische Spaltbreite soll möglichst klein, die Kollimatorbrennweite hingegen groß sein. Daß sich nicht alle diese Forderungen gleichzeitig mit Vorteil erfüllen lassen, geht aus den nun folgenden Betrachtungen über die Lichtstärke hervor.

Maßgebend für die Lichtstärke eines Monochromators ist die monochromatische Strahlungsleistung, definiert als Strahlungsleistung pro spektrale Spaltbreite [18]:

$$\frac{S_\lambda}{\Delta\lambda} = \frac{I_\lambda \cdot s \cdot h \cdot A \cdot \alpha}{f^2}.$$

I = auf den Eintrittsspalt fallende Strahlungsleistung der Wellenlänge λ
h = Spalthöhe
A = absolute Apertur (Projektion des Prismas auf den Kollimator)
α = Wirkungsgrad der Optik.

Da aber $s = f \cdot D \cdot \Delta\lambda$, ergibt sich durch Einsetzen:

$$\frac{S_\lambda}{\Delta\lambda} = \frac{I_\lambda \cdot D \cdot h \cdot A \cdot \alpha}{f} \Delta\lambda.$$

Man sieht also, daß für eine hohe monochromatische Strahlungsleistung, abgesehen von einer intensiven Strahlungyquelle, eine große Winkeldispersion D, große Spalthöhe h, große Apertur A und kleine Kollimatorbrennweite f günstig sind. Letztere Forderung steht im Gegensatz zu den beim Auflösungsvermögen gemachten Ausführungen. Außerdem sind ein zu großer Brechungswinkel φ und Brechungsindex n für die Lichtstärke ungünstig, da sich dann der Einfallswinkel auf das Prisma vergrößert, wodurch die Reflexionsverluste stark ansteigen und die größere Weglänge im Prisma höhere Verluste durch Absorption verursachen kann. Beides geht in den Faktor α ein.

Eine große Spalthöhe läßt sich nicht leicht realisieren, da dabei die Abbildungsfehler zunehmen, vor allem aber durch die bei Prismengeräten auftretende Krümmung des Spaltbildes Auflösungsvermögen und monochromatische

Strahlungsleistung verringert werden können. Die Krümmung wird dadurch verursacht, daß die schräg durch das Prisma fallenden Strahlen stärker abgelenkt werden als der mittlere Strahl. Bei einmaligem Durchgang durch das Prisma errechnet sich der Krümmungsradius R wie folgt [1]:

$$R = \frac{n}{n^2 - 1} \cdot \frac{\sqrt{1 - n^2 \sin^2 \frac{\varphi}{2}}}{\sin \frac{\varphi}{2}} \cdot \frac{f}{2}.$$

Da n eine Funktion von λ ist, ergibt sich für verschiedene Wellenlängen ein unterschiedliches R. Je größer die Spalthöhe ist, um so größer kann die Abweichung des Austrittsspaltes von der exakten Krümmung sein.

Der Vergrößerung der Apertur sind an sich keine theoretischen Grenzen gesetzt, doch spielt bei der Herstellung sehr großer Prismen (und Spiegel) die Preisfrage eine nicht unwesentliche Rolle. Von sehr teuren Prismenmaterialien sind kaum hinreichend große Prismen erhältlich.

Unter dem Streulichtanteil versteht man alle Strahlung anderer Wellenlängen als der gewünschten, die gleichzeitig durch den Austrittsspalt des Monochromators fällt oder auf die gleiche Stelle einer Photoplatte projiziert wird. Die Wellenlänge des Streulichts kann von der eingestellten Wellenlänge sehr weitgehend abweichen, wie weiter unten bei den Spektralphotometern noch eingehend behandelt werden soll. Derartig abweichende Wellenlängen ergeben sich im austretenden monochromatischen Licht durch Beugung der Primärstrahlung an Staubteilchen, mangelhaften Spiegeloberflächen, Trübung der Optik und ähnlichen unvermeidbaren Dingen. Bisweilen treten aber auch systematische Fehler auf, so daß z. B. ein Teil der bereits durch das Prisma gegangenen Strahlung nochmals auf das Prisma fällt und durch Brechung und Reflexion an einer anderen Stelle des Spektrums ohne scharfe Abbildung erscheint. Dieser Fehler kann beim Arbeiten mit diskontinuierlichen Lichtquellen unter Umständen leicht übersehen werden, da er nur an bestimmten Stellen des Spektrums in Erscheinung tritt.

Als ebenfalls zum Streulicht gehörig muß diejenige Strahlung angesehen werden, die bei zu breitem oder falsch gekrümmtem Spalt erhalten wird und sich von der eingestellten Wellenlänge nur geringfügig unterscheidet. Alle Abweichungen von der Monochromasie beeinträchtigen die Gültigkeit des LAMBERT-BEERschen Gesetzes und stellen deshalb beim quantitativen Arbeiten ein empfindliches Problem dar.

3.1.2. Gittergeräte

Zum Verständnis der spektralen Zerlegung des Lichts durch ein Beugungsgitter denkt man sich das Gitter zusammengesetzt aus einer großen Zahl enger Spalte mit konstantem Abstand a. Senkrecht einfallendes Licht wird durch Beugung nach beiden Seiten abgelenkt. Bei einem bestimmten Beugungswinkel α und einer bestimmten Wellenlänge λ beträgt der Phasenunterschied zwischen zwei von benachbarten Spalten kommenden Strahlen gerade eine Wellenlänge, und es entsteht ein Intensitätsmaximum. Bei einem anderen Winkel, bei dem der Phasenunterschied nur eine halbe Wellenlänge beträgt, löschen sich die Strahlen durch Interferenz aus. Das Intensitätsmaximum wird um so schärfer, je größer die Anzahl der Spalte ist. Die Maximumsbedingung gilt jedoch nicht nur für die Wellenlänge λ, sondern auch für ganzzahlige Bruchteile von λ, gemäß der Formel:

$$a \cdot \sin \alpha = k \cdot \lambda; \qquad k = 0, 1, 2, \ldots$$

Das Maximum für $k = 0$ gilt für das ohne Beugung direkt durch das Gitter hindurchgehende Licht und ist für die Spektroskopie ohne Bedeutung. k bezeichnet man als

Ordnung der Spektren, *a* als Gitterkonstante. Im Gegensatz zur prismatischen Zerlegung des Lichts wird beim Gitter die kurzwellige Strahlung schwächer abgelenkt als die langwellige.

Im einfachsten Falle besteht das Gitter aus einer planparallelen Glasplatte, in die in konstantem Abstand Striche eingeritzt sind. An den stehengebliebenen Teilen kann das Licht ungehindert hindurchtreten und wird dabei gebeugt, die Furchen sind mehr oder weniger undurchlässig. Die mit derartigen Transmissionsgittern erhaltenen Spektren sind zu intensitätsschwach. Ähnliches gilt für Reflexionsgitter, bei denen die Striche in eine plane spiegelnde Fläche eingeritzt sind. Vor allem die Intensität der höheren Ordnungen nimmt mit zunehmender Ordnungszahl rasch ab. Deshalb verwendet man heute fast ausschließlich sogenannte Echelette-Gitter (Abb. 3),

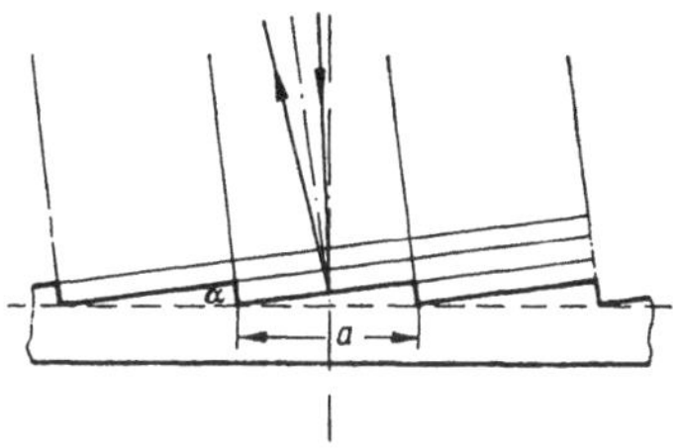

Abb. 3 Echelette-Gitter

bei denen ein bestimmtes Furchenprofil erzeugt wird, das in einer bestimmten Ordnung eine maximale Reflexion gewährleistet. Derartige Gitter werden für das Arbeiten im sichtbaren und ultravioletten Gebiet meist durch Eingravierung der Furchenform in einen Oberflächenspiegel als Originalgitter mit großer Strichzahl hergestellt und sind ziemlich teuer. Für geringere Ansprüche stellt man deswegen von einem Originalgitter mehrere Kopien aus einem geeigneten Plast her. Das Gitter wird mit einem Film aus Polystyrol oder Polymethylmethacrylat überzogen und dieser Film dann auf eine mit Gelatine beschichtete Planglasplatte übertragen. Hierauf wird die

Kopie mit Aluminium bedampft. Infolge von Verzerrungen in der Furchenform ist der optische Wirkungsgrad geringer als beim Originalgitter. Außerdem ändert sich auch die Gitterkonstante um einen geringen Betrag.

Im infraroten Spektralgebiet sind Gitter mit größerer Gitterkonstante und geringerer Strichzahl erforderlich. Die dabei notwendige größere Furchentiefe läßt sich nach dem oben genannten Teilverfahren nicht mehr erreichen. Man verwendet fast ausschließlich Kopien, die sich relativ billig nach dem MERTON-Verfahren [19] herstellen lassen.

Auf einer Präzisionsdrehbank wird auf einem polierten Metallzylinder eine Schraubenlinie eingraviert. Da der Abstand der einzelnen Furchen infolge von unvermeidlichen systematischen Fehlern im Getriebe der Drehbank nicht ganz konstant ist, wird aus einem elastischen Material, wie z. B. Kork, eine Mutter hergestellt, die mit einem nach der gewünschten Kurvenform angegeschliffenen Diamanten verbunden ist. Beim Drehen des Zylinders und Festhalten der Lage der Mutter gleitet der Diamant auf einem anderen Teil des Zylinders, dessen Oberfläche auf optische Qualität geschliffen und poliert wurde, und graviert mit genau eingestelltem Druck die Furchenform des Gitters ein. Der Zylinder wird hierauf wie oben beschrieben mit einer Plastlösung begossen; auf diese Weise läßt sich eine große Zahl von qualitativ hochwertigen Gitterkopien herstellen.

Die nach dem MERTON-Verfahren gefertigten Gitter haben gegenüber den direkt geteilten Originalgittern einen weiteren Vorteil. Die mit ihnen erhaltenen Spektren sind fast frei von sogenannten Gittergeistern. Hierunter versteht man im Linienspektrum schwache Nebenlinien, die alle stärkeren Linien begleiten, und die auf systematische Teilfehler der Gitterteilapparate zurückzuführen sind.

Das theoretische Auflösungsvermögen eines Gitters ist abhängig von der Strichzahl und der Ordnung des Spektrums:

$$\frac{\lambda}{\Delta\lambda} = p \cdot k \qquad (p = \text{Strichzahl}).$$

Man erhält also ein hohes Auflösungsvermögen, wenn man Gitter mit großer Strichzahl p verwendet oder bei hoher

Ordnung k arbeitet. Die Echelette-Gitter werden meist in der 1. bis 3. Ordnung eingesetzt. Ihre Strichzahl liegt in der Größenordnung von 100000 für den sichtbaren Bereich (z. B. 45000 von VEB Carl Zeiss, Jena).

Das praktische Auflösungsvermögen eines Gitterspektrographen bzw. -monochromators setzt sich wie beim Prismengerät aus zwei Anteilen zusammen. Der erste ist wieder eine Funktion der endlichen Spaltbreite, während der zweite durch das theoretische Auflösungsvermögen des Gitters bedingt ist. Für ein Echelette-Gitter gilt infolge der Reflexion und damit doppelten Wegdifferenz die gegenüber dem Transmissionsgitter abgewandelte Formel:

$$a \cdot \sin\alpha = k \cdot \frac{\lambda}{2}.$$

Die Winkeldispersion ist für kleine Winkel α konstant. ($\alpha = \sin\alpha$):

$$a \cdot \alpha = k\,\frac{\lambda}{2},$$

$$D = \frac{d\alpha}{d\lambda} = \frac{k}{2a}.$$

Somit läßt sich die spektrale Spaltbreite eines Gittermonochromators analog wie beim Prismenmonochromator berechnen:

$$\Delta\lambda_s = \frac{a}{k} \cdot \frac{s_1 + s_2}{2f} + F(s)\,\frac{\lambda}{pk},$$

$$\Delta\nu_s = \nu^2 \cdot \frac{a}{k} \cdot \frac{s_1 + s_2}{2f} + F(s)\,\frac{\nu}{pk}.$$

Selbstverständlich hängt das Auflösungsvermögen auch in sehr hohem Maße von der Qualität des Gitters ab, so daß das theoretische Auflösungsvermögen praktisch nicht erreicht werden kann.

Für die Lichtstärke gelten die gleichen Betrachtungen wie beim Prismenmonochromator. Besondere Aufmerksamkeit verdient jedoch der optische Wirkungsgrad α.

Das Reflexionsvermögen eines Echelette-Gitters ist wellenlängenabhängig. Die Lage des Maximums läßt sich durch den Furchenwinkel wählen. Es wird vom Hersteller als blaze-Wellenlänge angegeben. Beiderseitig vom Maximum ist ein Abfall zu verzeichnen. Ansonsten bestimmt noch die allgemeine Sauberkeit des Gitters den Wirkungsgrad α.

Der Streulichtanteil ist beim Gitter größer als beim Prisma und hängt sehr von der Qualität ab. Außerdem überlagern sich die Spektren der verschiedenen Ordnungen beim Gitter. Wenn nicht seitens der Strahlungsquelle, der Durchlässigkeit der Optik oder der Empfindlichkeit des Empfängers eine solche Überlagerung unmöglich ist, muß das Licht der störenden Ordnung durch Filter oder ein Vorprisma beseitigt werden. Aus diesem Grunde wird das Gitter oft in Doppelmonochromatoren eingesetzt.

Bei der Gegenüberstellung von Prisma und Gitter ergeben sich für das Gitter folgende Vorteile:
Größere Dispersion, bei Kopien billigere Herstellung (auch größerer geteilter Flächen und damit größere Lichtstärke), wellenlängenlineare Darstellung des Spektrums mit Möglichkeit genauer Wellenlängenmessung, Verwendung eines Gitters in mehreren Ordnungen und damit größerer Wellenlängenbereich, geringe Temperaturabhängigkeit der Dispersion. Diesen Vorteilen stehen als Nachteile gegenüber: Größerer Streulichtanteil, mechanische Empfindlichkeit, Notwendigkeit der Vorzerlegung zur Beseitigung unerwünschter Ordnungen.

3.1.3. Spektrographen und Monochromatoren, Doppel- und Mehrfachmonochromatoren

Der Grundaufbau eines Prismenspektrographen wurde in Abschnitt 3.1.1. (Abb. 1) bereits beschrieben. Die Verwendung einer Photoplatte als Empfänger der Strahlung beschränkt den Anwendungsbereich im wesentlichen auf den sichtbaren und ultravioletten Teil des Spektrums. Quarzspektrographen, die ähnlich Abb. 1 aufgebaut sind, werden heute noch in großem Umfang in der Emissionsspektralanalyse verwendet, z. B. das bekannte Modell Q 24 des VEB Carl Zeiss, Jena. Bei Quarzspektrographen, die mit einer einfachen Quarzoptik ausgestattet sind, wird das Spektrum nicht auf einer Ebene abgebildet. In diesem Falle ist die Verwendung sehr dünner Photoplatten, die ein Durchbiegen gestatten, erforderlich, oder es muß mit Film gearbeitet werden, was wieder andere Nachteile bringt (vgl. Abschnitt 3.4.3.). Durch Einsatz besonders korrigierter Kollimator- und Kameraobjektive gelingt jedoch eine hinreichende Ebnung des Spektrums, um mit normalstarken Photoplatten arbeiten zu können, wie dies beim Q 24 der Fall ist. Kristalliner Quarz besitzt die Eigenschaft der Doppelbrechung, die sich beim Einbau einfacher Quarzprismen störend bemerkbar machen würde; deshalb verwendet man Prismen, die aus zwei Halbprismen aus Rechts- bzw. Linksquarz zusammengesetzt sind, wodurch sich die Doppelbrechung aufhebt (CORNU-Prisma). Bei geschmolzenem Quarz ist dies nicht erforderlich, da er keine Doppelbrechung aufweist. Der Spalt ist bei allen modernen Geräten symmetrisch ausgeführt, d. h. die Spaltbacken bewegen sich beim Öffnen gleichmäßig in entgegengesetzter Richtung. Der Einstellbereich geht meist von 1 μm bis zu einigen Zehntel mm oder einigen mm, was von der Kollimatorbrennweite abhängt.

Bei Glasspektrographen für den sichtbaren Bereich hat man im Aufbau wesentlich mehr Variationsmöglichkeiten, da man Glassorten verschiedener Dispersion und Brechung kombinieren kann. Hier seien nur zwei Prismenkombinationen erwähnt, die in kommerziellen Geräten angewandt werden, das RUTHERFORD-Prisma (Abb. 4a), das sich durch große Dispersion bei hoher Lichtstärke auszeichnet, und der FÖRSTERLINGsche Prismensatz (Abb. 4b), mit dem man eine konstante (90°) Ablenkung erzielt. Er ist im Dreiprismenspektrographen des VEB Carl Zeiss, Jena, enthalten.

Im infraroten Bereich, wo eine photographische Aufzeichnung nicht mehr möglich ist, und im sichtbaren und ultravioletten Bereich mit zunehmender Einführung lichtelektrischer Geräte hat der Monochromator eine ständig steigende Bedeutung erlangt. Die einfachste und

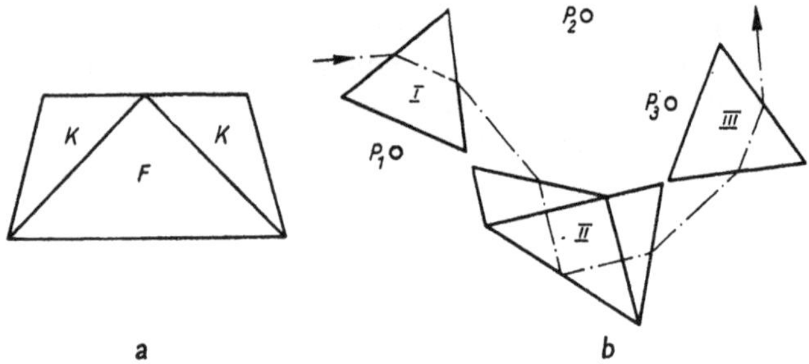

Abb. 4 a) RUTHERFORD-Prisma (K = Kronglas, F = Flintglas)
b) FÖRSTERLINGscher Prismensatz

meistgebrauchte Bauart ist die LITTROW-Aufstellung (Abb. 5a). Hier dient der Kollimatorspiegel gleichzeitig zur Parallelisierung der vom Eintrittsspalt kommenden Primärstrahlung und zur Abbildung der monochromatischen Strahlung auf dem Austrittsspalt. Die Verwendung von Oberflächenspiegeln an Stelle von Linsen hat den Vorteil, daß die Brennweite für alle Wellenlängen konstant und der anwendbare Spektralbereich sehr groß ist.

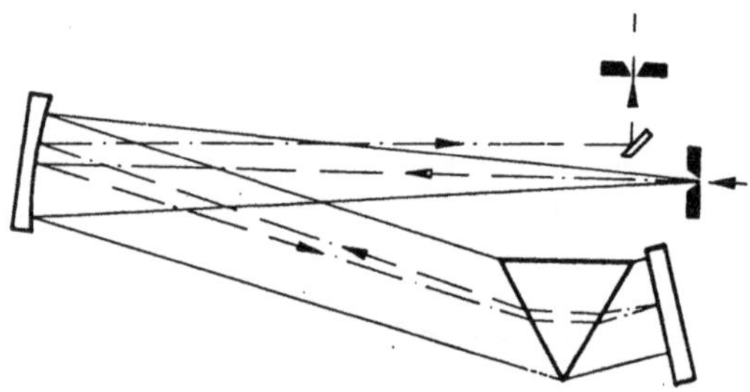

Abb. 5 a) LITTROW-Monochromator

Das Prisma wird zweimal durchsetzt, wodurch man die doppelte Dispersion erzielt. Durch Drehen des hinter dem Prisma stehenden Spiegels (LITTROW-Spiegel) läßt sich die auf den Austrittsspalt fallende Wellenlänge verändern. Bei der weniger angewandten WADSWORTH-Anordnung (Abb. 5b) wird das Prisma nur einmal durchstrahlt, und man nutzt daher nur die einfache Dispersion.

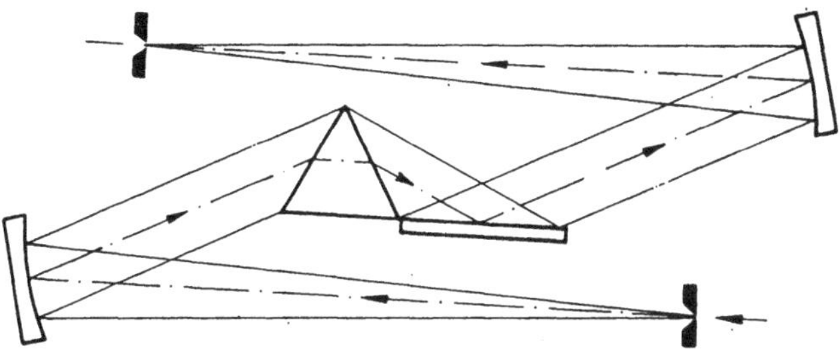

Abb. 5 b). WADSWORTH-Monochromator

Außerdem sind zwei getrennte Hohlspiegel erforderlich. Gegenüber der LITTROW-Aufstellung besteht hier der Vorteil, daß bei jeder Wellenlänge der Strahlengang im Prisma dem Minimum der Ablenkung entspricht, was ein Maximum im Auflösungsvermögen bedeutet. Zur Wellenlängenänderung müssen allerdings Prisma und WADSWORTH-Spiegel gemeinsam gedreht werden, was besonders bei sehr großen Prismen an die Mechanik höhere Anforderungen stellt.

Auch bei der LITTROW-Aufstellung läßt sich bei etwas abgewandelter Form ein annähernd symmetrischer Strahlengang erzielen, der dem Minimum der Ablenkung entspricht (Abb. 40). Besonders bei Quarz-Monochromatoren verwendet man häufig Halbprismen an Stelle des CORNU-Prismas, deren eine Kathetenfläche verspiegelt ist und damit den LITTROW-Spiegel ersetzt. Durch Drehung des Prismas erreicht man die Wellenlängenänderung. Die Dispersion ist allerdings nur halb so groß wie bei der normalen LITTROW-Anordnung mit getrenntem Spiegel. Durch Einsparung des LITTROW-Spiegels, der sonst bei Verschmutzung beträchtlich zum Streulicht beiträgt, kann der Streulichtanteil erheblich gesenkt werden.

Bei allen drei besprochenen Ausführungen wurden Hohlspiegel in einem außeraxialen Strahlengang verwendet. Sphärische Spiegel verursachen dabei erhebliche Abbildungsfehler, vor allem den Astigmatismus. Die Brennweite in zwei zueinander senkrechten Ebenen ist dabei unterschiedlich, und ein Punkt wird als Strich abgebildet. Hierdurch tritt eine Verschlechterung des Auflösungsvermögens ein. Bei der WADSWORTH-Anordnung (Abb. 5b) sind die beiden sphärischen Hohlspiegel in einem Z-förmigen Strahlengang angeordnet, bei dem sich nach CZERNY und TURNER [20] dieser Fehler weitgehend kompensieren läßt. Ansonsten werden die Abbildungsfehler um so größer, je größer der Durchmesser der Spiegel im Verhältnis zur Brennweite, also je lichtstärker das System ist, und um so größer der Achswinkel gewählt wird. Eine beliebige Verkleinerung des Achswinkels ist normalerweise nicht möglich, da das Prisma sonst den Eintrittsspalt verdecken würde. Aber auch dann, wenn dies nicht mehr der Fall ist, sind kleine Achswinkel oft ungünstig, weil bereits spektral zerlegtes Licht nochmals auf das Prisma fällt und an irgendeiner Stelle des Spektrums auf den Anstrittsspalt gelangt, wo es bisweilen einen sehr großen Streulichanteil verursachen kann.

Es gibt verschiedene Möglichkeiten zur Verringerung oder Beseitigung der Abbildungsfehler. Man kann bei sehr großen Prismen einen axialen Strahlengang wählen, indem unmittelbar vor dem Prisma zwei kleine Ablenkspiegel angebracht werden, die nur einen geringen Teil der Prismenfläche abdecken (Abb. 26). Einen sehr geringen Streulichtanteil erhält man, wenn das Prisma, meist ein rückverspiegeltes Halbprisma, unterhalb des Spaltes angeordnet und der Kollimatorspiegel entsprechend nach vorn geneigt wird. Diese Art des außeraxialen Strahlengangs bringt weniger Fehler, und das bereits spektral zerlegte Licht kann nicht auf das Prisma fallen. Schließlich lassen sich durch Verwendung außeraxial geschnittener Parabolspiegel die Abbildungsfehler weitgehend beseitigen. Diese Methode wird häufig angewandt, doch asphärische Spiegel guter Qualität sind teuer. In letzter Zeit wurden Versuche unternommen, von diesen Spiegeln Kopien aus Epoxydharz herzustellen, was zu einer bedeutenden Verbilligung führen würde [21].

Bei allen Prismenmonochromatoren ist das Bild eines geraden Eintrittsspaltes gekrümmt, und zwar ist die konkave Seite stets der brechenden Kante des Prismas zugewendet. Bei Verwendung gerader Austrittsspalte würde besonders bei kleinen Spaltöffnungen ein großer Verlust an monochromatischer Strahlungsleistung und Auflösungsvermögen eintreten. Deshalb werden gekrümmte Spalte eingesetzt, deren Krümmung allerdings nur für eine bestimmte Wellenlänge und ein bestimmtes Prisma gilt. Beim Gittermonochromator kann mit geraden Spalten gearbeitet werden. Prisma und LITTROW-Spiegel lassen sich in den genannten Anordnungen durch ein planes Reflexionsgitter ersetzen. Bei Verwendung von Konkavgittern ist kein Kollimatorspiegel erforderlich, doch wird diese Anordnung in der Molekülspektroskopie kaum angewendet. Gittermonochromatoren werden verhältnismäßig selten als Einzelmonochromatoren gebaut. In diesen Fällen müssen meist die störenden Ordnungen durch Filter beseitigt werden. Am häufigsten werden sie mit einem Prismen- oder einem weiteren Gittermonochromator kombiniert zu einem Doppelmonochromator.

Doppelmonochromatoren werden besonders dort eingesetzt, wo es auf Streulichtfreiheit und hohes Auflösungsvermögen ankommt. Das eine Prisma oder alle beide Prismen können durch Echelette-Gitter ersetzt werden. Beträgt das Streulicht bei einem Einfachmonochromator an einer Stelle des Spektrums z. B. 10%, dann liegt es beim Doppelmonochromator bei etwa 0,01%, was für Messungen bei großen Extinktionen von Bedeutung ist. Wesentlich beim Doppelmonochromator ist ein sehr genauer Gleichlauf der Wellenlängenantriebe beider Monochromatoren. Falsche Justierung kann die Leistungsfähigkeit sehr stark herabsetzen. Bei Prismendoppelmonochromatoren werden meist Eintritts- und Austrittsspalt gekrümmt verwendet, während der Zwischenspalt gerade ist und etwas breiter gehalten wird. Er erfüllt lediglich die Funktion einer Blende und wird bisweilen auch ganz weggelassen.

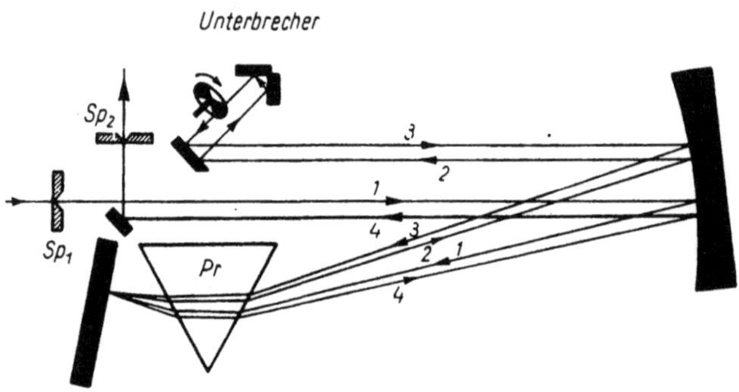

Abb. 6 a) Doppelwegmonochromator nach WALSH

Es hat nicht an Versuchen gefehlt, die Wirkung der teuren Doppelmonochromatoren mit geringerem Aufwand zu erzielen. Nach WALSH [22] ist eine Beseitigung des störenden Streulichts bei gleichzeitiger Verdoppelung der Dispersion auch mit einer Doppelweganordnung zu erreichen (Abb. 6a). Durch zwei im Abstand der Kollimatorbrennweite angebrachte Winkelspiegel wird eine Umlenkung des Strahlenganges erreicht, so daß das nach einmaligem (hin und zurück) Prismendurchgang bereits spektral zerlegte Licht nochmals das Prisma durchsetzt. Auf den Austrittsspalt fallen dann gleichzeitig die Spektren vom einmaligen und vom doppelten Prismendurchgang, letzteres mit doppelter Dispersion und doppelter

Spaltkrümmung. Die stärkere Spaltkrümmung wird dadurch berücksichtigt, daß nicht nur ein, sondern beide Spalte mit gleicher Krümmung verwendet werden. Die Trennung der zwei Spektrenordnungen erfolgt bei Infrarotgeräten elektrisch durch das sogenannte Wechsellichtverfahren (Abschnitt 3.5.). Durch einen optischen Unterbrecher wird nur die Strahlung vor dem zweiten Prismendurchgang moduliert, so daß auf dem Strahlungsempfänger nur sie eine Wechselspannung erzeugt, während das Spektrum der ersten Ordnung eine Gleichspannung hervorruft, die vom Wechselspannungsverstärker nicht mit

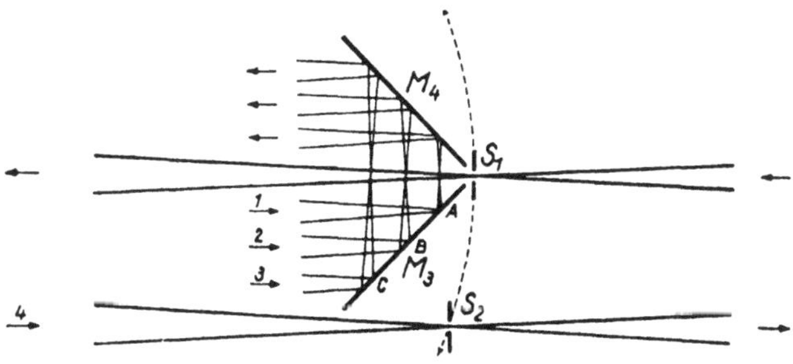

Abb. 6 b) Mehrfachmonochromator [22]

verstärkt wird. Bei lichtelektrischen Strahlungsempfängern ist dieses Verfahren schlecht anwendbar. Dort ist es möglich, das Winkelspiegelpaar über den eintretenden Strahl zu setzen und den Kollimatorspiegel entsprechend zu neigen [23]. Man erhält dann die Spektren der ersten und zweiten Ordnung auf dem Austrittsspalt übereinander getrennt. Die Dispersion wird zwar verdoppelt, doch die Streulichtbeseitigung entspricht nicht der eines echten Doppelmonochromators, und durch den geneigten Strahlengang entstehen zusätzliche Abbildungsfehler, die das Auflösungsvermögen zumindest nicht besser werden lassen. Nach dem Prinzip von Walsh lassen sich auch Mehrfachmonochromatoren bauen (Abb. 6b), doch nimmt die Intensität mit zunehmender Ordnung rasch ab. Vorteile entstehen nur bei Anwendung sehr intensiver Lichtquellen, wie z. B. Kohlelichtbögen, bei denen allerdings auch eine Beseitigung des starken Streulichts erforderlich ist.

3.2. Die optischen Materialien

Durchlässigkeit, Dispersion und Reflexionsvermögen der für die Optik verwendeten glasartigen Materialien sowie das Reflexionsvermögen spiegelnder Flächen sind wellenlängenabhängig. Deshalb ist es notwendig, für jeden Wellenlängenbereich und jeden speziellen Verwendungszweck die geeigneten Stoffe auszuwählen. Der in der Optik meistgebrauchte Werkstoff Glas läßt sich leider nur in einem recht engen Wellenlängenbereich einsetzen, der von etwa 360 bis 2500 nm reicht, also nur den sichtbaren und nahen infraroten Teil des Spektrums der elektromagnetischen Schwingungen umfaßt.

An ein Prismenmaterial werden folgende Anforderungen gestellt:

1. ausreichende Durchlässigkeit (keine Absorptionsstellen) im Anwendungsbereich;
2. große Materialdispersion $\frac{dn}{d\lambda}$;
3. geringes Reflexionsvermögen;
4. leichte Bearbeitbarkeit und mechanische Festigkeit;
5. Unlöslichkeit in Wasser.

Bei den für die Herstellung von Linsen und Küvettenfenstern verwendeten Materialien gelten die gleichen Forderungen mit Ausnahme von 2. Leider ist die optimale Erfüllung aller fünf Voraussetzungen in den seltensten Fällen möglich.

Die Durchlässigkeit und damit der Anwendungsbereich einer großen Zahl von optischen Werkstoffen ist in Tab. 1 dargestellt. Gleichzeitig finden sich dort Angaben über mechanische Eigenschaften und Wasserlöslichkeit sowie

Tabelle 1 Optische Werkstoffe (z. T. nach [28])

Material	Verwendungsbereich [μm]	Bemerkungen
Glas	P* (0,28) 0,36 bis 2,4	
	F* bis 2,5	
Quarzglas	P 0,18 bis 3,5	Bande bei 2,75 μm
	F 4,5	
Quarz, krist.	P 0,20 bis 3,8	Bande bei 2,9 μm
	F 4,5	optisch aktiv
LiF	P UV und 2 bis 6	meist OH-Bande bei 2,8 μm
	F 0,12 bis 9	
CaF_2	P UV und 6 bis 9	
	F 0,12 bis 12	wasserunlöslich
NaCl	P UV und (2) 5,5 bis 15,5	
	F UV bis 20	hygroskopisch
KBr	P 12,5 bis 25	
	F UV bis 38	hygroskopisch
CsBr	P 25 bis 40	
	F IR bis 45	hygroskopisch
KRS-5	P 25 bis 35	
	F 0,6 bis 42	giftig, weich, hohe Reflexion (n = 2,35)
CsJ	P 25 bis 50	
	F IR bis 50	hygroskopisch
AgCl	F 1 bis 28	Lichtempfindlich, weich, hohe Reflexion (n = 1,95)
KRS-6	F 0,6 bis 32	siehe KRS-5
KCl	F UV bis 20	hygroskopisch
Al_2O_3 (Saphir)	F bis 5,5	sehr beständig
MgO (Periklas)	F bis 9,5	schwierige Herstellung, Schmelzpunkt > 2800 °C
As_2S_3-Glas	F 1 bis 11	bis 200 °C beständig hohe Reflexion (n = 2,4)
CdF_2	F bis 9,7	wasserunlöslich
PbF_2	F bis 11,1	wasserunlöslich
SrF_2	F bis 10,7	wasserunlöslich
BaF_2	F bis 11,7	wasserunlöslich
Diamant	F über 6	weiter Bereich, hohe Reflexion (n = 2,38)
Selen	F 2 bis 18	Banden bei 12,5 und 20 μm über 50 °C Verformung
Polystyrol	F über 20	als dünner Film etwa 70 % durchlässig
Polyäthylen	F über 20	(als dünner Film etwa 70 % durchlässig)

* P = Verwendung als Prisma
* F = Verwendung als Fenster

Brechungsindices. Das Reflexionsvermögen hängt vom Brechungsindex und vom Einfallswinkel ab und läßt sich nach den FRESNELschen Formeln berechnen.

Der Wellenlängenbereich, in dem ein optischer Werkstoff als Prismenmaterial geeignet ist, richtet sich hauptsächlich nach der Dispersion, weshalb der durch die Durchlässigkeit vorgegebene Bereich sehr eingeengt wird. Abb. 7 zeigt die Dispersionskurven verschiedener Prismenmaterialien und Gitter. Stoffe mit hohem Brechungsindex verursachen große Reflexionsverluste. Bei Glas lassen sich diese vermindern, indem man einen reflexmindernden Belag aufdampft. Dabei handelt es sich um Stoffe mit niedrigem Brechungsindex, wie z. B. Magnesiumfluorid. Im Infrarotbereich sind derartige Verfahren kaum anwendbar, da die aufzudampfenden Stoffe nicht absorbieren dürfen. Außerdem entstehen bisweilen störende Interferenzeffekte, die bei bestimmten Wellenlängen die Durchlässigkeit herabsetzen.

Als Spiegelmaterial dient in erster Linie Reinstaluminium. Es läßt sich im gesamten Bereich vom Vakuum-Ultraviolett bis zum fernen Infrarot verwenden. Das Reflexionsvermögen hängt vom Aufdampfvorgang und von der Alterung ab, besonders im UV. Im IR liegt es nahe 99%. Um die mechanische Empfindlichkeit herabzusetzen und eine Reinigungsmöglichkeit zu gewährleisten, werden Aluminiumspiegel für den IR-Bereich durch anodische Oxydation mit einer dünnen Schutzschicht aus Aluminiumoxyd überzogen, die das Reflexionsvermögen kaum beeinträchtigt. Im sichtbaren Bereich und vor allem im UV treten durch Interferenz Gebiete niedriger Reflexion auf. Im Sichtbaren und im IR sind auch Silberspiegel geeignet, im UV verursachen sie starke Absorption. Wegen ihrer chemischen Beständigkeit sind im IR Goldspiegel mit Vorteil verwendbar.

Die Bedeutung des Reflexionsvermögens der spiegelnden Flächen für den Wirkungsgrad α der Optik steigt mit zunehmender Spiegelzahl. Wenn man berücksichtigt, daß moderne Spektralphotometer oft über 10 spiegelnde

Flächen im Strahlengang besitzen, dann geht daraus klar hervor, daß sich die Leistungsfähigkeit vor allem im UV bei Verschmutzung und Korrosion ganz erheblich verschlechtern kann.

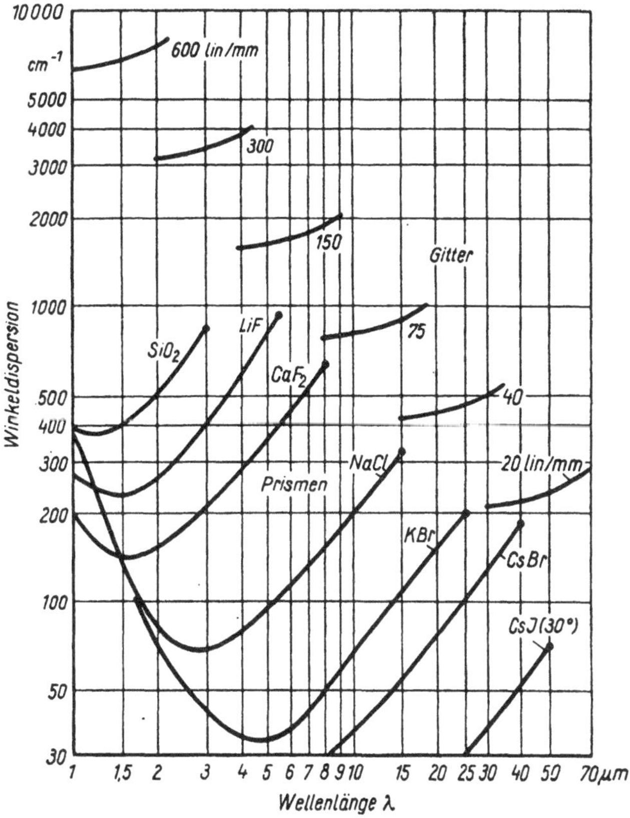

Abb. 7. Dispersionskurven verschiedener Prismen und Gitter [99]

3.3. Photometereinheiten

In der Absorptionsspektroskopie besteht die Aufgabe darin, die Durchlässigkeit bzw. Absorption einer Substanz in Abhängigkeit von der Wellenlänge zu ermitteln. Bezeichnet man die Intensität der auf die Probe auftreffenden Strahlung mit I, die Dicke eines Probenelementes mit x, dann gilt für die Intensitätsabnahme folgende Beziehung:

$$-dI = k \cdot I \cdot dx.$$

k ist hierin eine Konstante, die von der Art der Substanz und ihrer Konzentration abhängt. Durch Integration dieser Gleichung gelangt man zu dem LAMBERT-BEERschen Gesetz:

$$\int_{I_0}^{I} -\frac{dI}{I} = \int_{x=0}^{x=d} k\,dx,$$

$$\ln I_0 - \ln I = kd,$$

$$\lg \frac{I_0}{I} = \varepsilon \cdot c \cdot d.$$

Die Konstante ε, die man aus k erhält, wenn in der Gleichung der natürliche Logarithmus durch den dekadischen ersetzt und die Konzentration c herausgenommen wird, heißt molarer Extinktionskoeffizient und ist eine stoffspezifische Größe. c wird hierbei in Mol/Liter und die Schichtdicke d in cm gemessen.

Der Aufbau der Photometereinheit soll nun so beschaffen sein, daß das Verhältnis $\frac{I_0}{I}$ oder $\frac{I \cdot 100}{I_0} = T\,\%$ Durchlässigkeit möglichst genau und bequem gemessen werden kann. Am günstigsten für die nachherige Auswertung wäre natürlich, wenn der $\lg \frac{I_0}{I}$, den man als

Extinktion E bezeichnet, direkt gemessen werden könnte. Dies ist zwar möglich, doch bereitet es von meßtechnischer Seite her erhebliche Schwierigkeiten.

Die apparativ einfachste Messung besteht darin, daß man nacheinander die Küvette mit der zu untersuchenden Substanz und einen Vergleichsstandard, also etwa eine mit dem nichtabsorbierenden Lösungsmittel gefüllte Küvette vor den Eintrittsspalt oder hinter den Austrittsspalt des Monochromators bringt, also I und I_0 getrennt ermittelt und rechnerisch das Verhältnis bildet. Dieses Verfahren liegt den Einstrahlgeräten zugrunde. Messungen bei einer einzigen bestimmten Wellenlänge lassen sich so verhältnismäßig leicht und schnell ausführen, und die erreichbare Genauigkeit ist gut, wenn man für Konstanz der Lichtquelle während der Durchführung der Messung sorgt. Bei einfachen und billigen Geräten verzichtet man dann meist auf den teuren Monochromator und arbeitet mit Filtern, z. B. Metallinterferenzfiltern, mit denen sich ein genügend schmaler Wellenlängenbereich ausfiltern läßt. Die Anordnung bezeichnet man dann als Filterkolorimeter, im Gegensatz zum Spektralkolorimeter, das einen Monochromator mit fest einstellbarer Wellenlänge enthält. Ein Gerät, das in einem größeren Wellenlängenbereich kontinuierlich die Abhängigkeit der Durchlässigkeit der Substanz von der Wellenlänge zu messen gestattet, nennt man Spektralphotometer. Alle modernen Spektralphotometer sind mit einer Registriervorrichtung versehen, so daß es sich hier erübrigt, auf die früher zur punktweisen Abtastung verwendeten Anordnungen näher einzugehen.

Der optische Photometerteil des Einstrahlgeräts ist sehr einfach (Abb. 8). Die von der Lichtquelle ausgehende Strahlung wird von einem Hohlspiegel gesammelt und die Lichtquelle in geeigneter Form auf dem Eintrittsspalt des Monochromators abgebildet. Die Küvette mit der zu untersuchenden Substanz wird in unmittelbarer Nähe des Spaltes angebracht, wo der Strahlquerschnitt recht eng ist, um mit wenig Substanz auskommen zu können. Ob sich dabei die Küvette vor dem Eintrittsspalt oder hinter dem Austrittsspalt befindet, spielt keine Rolle, jedoch ist in vielen Fällen die eine oder andere Methode vorteilhafter, wie in den Abschnitten 4.1. und 4.3. näher ausgeführt werden soll.

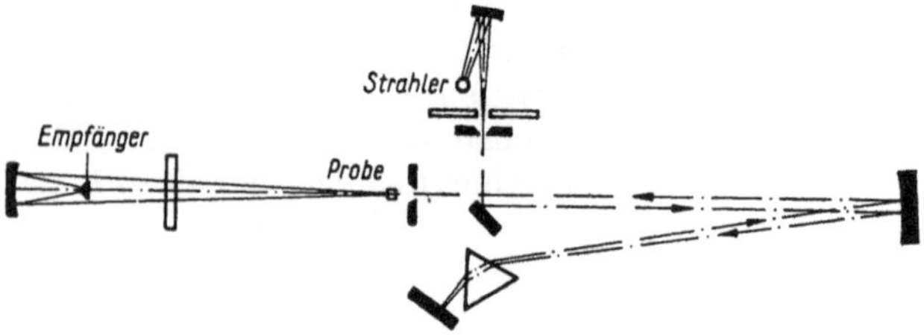

Abb. 8 Strahlengang eines Einstrahl-Spektralphotometers (Modell IR-6, Beckman Instr.)

Die Mehrzahl der modernen registrierenden Spektralphotometer sind Zweistrahlgeräte. Sie gestatten eine direkte Messung der Durchlässigkeit $T = \frac{I \cdot 100}{I_0}$ in Prozent. Bei ihnen wird der Strahlengang vor oder hinter dem Monochromator in zwei gleiche Teile aufgespalten, den Meßstrahl und den Vergleichsstrahl. In der Art der optischen Ausführung unterscheidet man grundsätzlich zwischen zwei verschiedenen Methoden:

1. Zeitliche Aufeinanderfolge der Messung bei gleichem Strahlengang im Monochromator und mit einem gemeinsamen Empfänger.
2. Gleichzeitige Messung bei unterschiedlichem Strahlengang im Monochromator und mit zwei getrennten Empfängern.

In der Art und Weise wie das Verhältnis der beiden Strahlenintensitäten gebildet wird, muß man ebenfalls zwischen zwei Methoden unterscheiden:

a) Anordnungen mit optischem Nullabgleich,
b) Anordnung mit elektrischer Verhältnisbildung.

Nach dieser Einteilung sind vier verschiedene Kombinationen möglich, die auch alle praktisch angewandt werden: 1a, 1b, 2a und 2b. Photometeranordnungen mit optischem Nullabgleich enthalten im Vergleichsstrahl einen Strahlabschwächer, dessen Stellung ein Maß für die Absorption der Substanz ist. Die praktische Durchführung der Messung nach den verschiedenen Methoden wird bei der Besprechung der Signalverstärkung (3.5.) und der Spektralphotometer behandelt.

Das System 1a ist aus Abb. 21 ersichtlich. Bei dieser sehr häufig verwendeten Anordnung wird durch einen rotierenden Sektorspiegel abwechselnd das Licht des Meßstrahls bzw. des Vergleichsstrahls auf den Monochromatorspalt gelenkt. Damit keine systematischen Fehler bei der Messung auftreten, müssen folgende Bedingungen streng erfüllt sein:

1. gleiche Länge der beiden getrennten Strahlengänge;
2. gleiche Anzahl reflektierender Flächen;
3. paarweise gleicher Einfallswinkel bei den reflektierenden Flächen;
4. gleiche Beschaffenheit und gleiche Temperatur der Spiegel.

Bei ungleicher Länge der beiden Strahlengänge entstehen Meßfehler, die auf nicht kompensierte atmosphärische Absorption oder Absorption von im Gerät eingeschlossenen Dämpfen zurückzuführen sind. Die Bedingungen 2 bis 4 folgen aus der Wellenlängenabhängigkeit der Reflexion von Spiegeln, die sich nur bei völlig symmetrischer Anordnung kompensieren läßt. Auf die infolge unterschiedlicher Temperatur verursachten Fehler wird bei der Besprechung der Infrarot-Spektralphotometer näher eingegangen.

Die bei Geräten mit optischem Nullabgleich benutzten Strahlabschwächer können in verschiedener Weise ausgeführt werden. Sie müssen folgenden Bedingungen entsprechen:

1. lineare Abhängigkeit der Strahlabschwächung von der Verschiebung;
2. Wellenlängenunabhängigkeit;
3. gleichmäßige Wirkung über den gesamten Strahlungsquerschnitt.

Ein häufig angewandter Strahlabschwächer ist die Kammblende. Sie besteht aus einer dünnen Metallfolie (etwa 0,01 mm), in die nach einem photographischen Verfahren mehrere keilförmige Aussparungen eingeätzt sind. Auf Grund der großen Herstellungsgenauigkeit (durch Verkleinerung) läßt sich eine gute Linearität erzielen. Nachteilig ist die nicht ganz gleichmäßige Wirkung über den gesamten Strahlungsquerschnitt, die bei ungleichmäßiger Empfindlichkeit des Strahlungsempfängers Fehler verursachen kann. Bei kleinen Durchlässigkeiten treten wellenlängenabhängige Beugungserscheinungen auf, weshalb eine gleichmäßige Verjüngung der Keile bis zur Spitze vermieden wird. Die Keile enden dann an verschiedenen Stellen, nachdem sie vorher bereits ein Stück parallel verlaufen waren [24].

Den Nachteil der gewöhnlichen Kammblende, daß der Strahlenquerschnitt nicht gleichmäßig abgedeckt wird, beseitigt eine modifizierte Form, das Sternrad (UNICAM Instruments, Cambridge, England). Es stellt eine rasch rotierende Kammblende dar, die sich samt Antriebsmotor seitlich verschieben läßt. Da es bedeutend robuster ausgeführt werden muß als die Kammblende, sind herstellungsmäßig größere Fehler möglich. Beide Arten befinden sich an einer Stelle kleinen Querschnitts im Strahlengang, also bei einer Zwischenabbildung der Strahlungsquelle.

In etwas anderer Weise wirken die Aperturblenden. Bei ihnen wird die wirksame Öffnung (Fläche) eines Spiegels linear verkleinert. Bekannte Ausführungsformen sind die Irisblende, die sonst in Photoapparaten allgemein verwendet wird, und die Jalousieblende. Bei der Irisblende, die sich vor einem runden Spiegel, meist in Nähe der Lichtquelle befindet, wird der Durchmesser des Spiegels verkleinert. Bei der Jalousieblende, die vor einem rechteckigen Spiegel steht, werden von oben und unten gleichzeitig Blenden über den Spiegel geschoben, die ihn in meßbarer Weise abdecken, bis sie sich bei völligem Schließen an einer horizontalen Mittellinie berühren. Die Jalousieblende läßt sich leichter mit linearer Charakteristik herstellen als die Irisblende. Beugungseffekte bei kleiner Öffnung treten bei beiden Arten infolge der gegenüber Kammblenden viel größeren Abmessungen nicht auf. Die gleichmäßige Wirkung über den gesamten Querschnitt hängt von der richtigen Ausleuchtung des Spektralphotometers ab. Örtliche Spiegelbeschädigungen können die Linearität der Charakteristik empfindlich stören.

Die Photometereinheiten mit elektrischer Verhältnisbildung gemäß Kombination 1b werden in gleicher oder ähnlicher Form ausgebildet wie 1a (Abb. 37), lediglich ohne optischen Strahlabschwächer. Ihnen allen sind ein oder mehrere rotierende Spiegel gemeinsam, die bei der Justierung gewisse Schwierigkeiten verursachen und bei denen eine ständige Wartung der Lager erforderlich ist. Diese Nachteile vermeiden die Kombinationen 2a und 2b. Hier wird die Auftrennung in die beiden Strahlengänge durch einen feststehenden optischen Strahlteiler bewirkt. Im einfachsten Falle besteht er aus zwei übereinanderliegenden, um eine vertikale Achse verdrehten Spiegeln, die den einen Strahl auf die obere und den anderen auf die untere Hälfte des Spaltes lenken. Infolge von Unterschieden in der Ausleuchtung des Monochromators und der Empfindlichkeit des Empfängers ist diese Anordnung recht ungünstig. Deshalb zieht man den zwei gegeneinander verdrehten Spiegeln einen ganzen Stapel abwechselnd gegeneinander verdrehter Spiegelflächen vor (Abb. 9), die eine gleichmäßigere Verteilung der Strahlengänge gestatten. Beispiele dieser Anordnung, die oft bei photoelektrischen Geräten hinter dem Austrittsspalt mit zwei getrennten Empfängern verwendet wird, zeigen Abb. 39 und 41. Auf weitere Möglichkeiten wird bei

Besprechung der einzelnen Spektralphotometertypen eingegangen. Diese Anordnungen haben den Vorteil, daß keine rotierenden Spiegel verwendet werden, doch auch verschiedene Nachteile. Der unterschiedliche Verlauf beider Strahlengänge im Monochromator oder die Verwendung von zwei getrennten Detektoren führt zu Instabilitäten in der 100 %-Linie und damit der gemessenen Durchlässigkeitswerte. Korrekturmöglichkeiten werden beim elektrischen Teil behandelt.

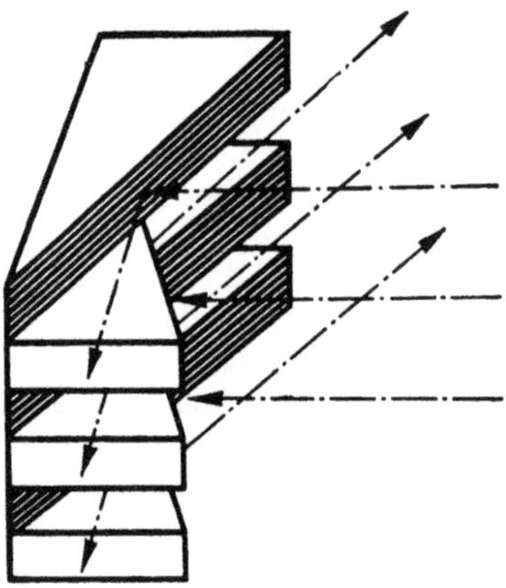

Abb. 9
Strahlteiler (Bausch and Lomb)

Eine weitere Fehlerquelle in den Photometereinheiten kann dadurch entstehen, daß die Strahlung in den beiden aufgetrennten Strahlengängen von nicht genau der gleichen Stelle der Strahlungsquelle kommt. Schwankungen in der Flächenhelligkeit des Strahlers würden dann eine Instabilität der 100 %-Linie hervorrufen und eine falsche Absorptionsmessung zur Folge haben. In der Anordnung nach Abb. 21 wird dieser Fehler dadurch gering gehalten, daß der Öffnungswinkel bei der Strahlteilung verkleinert wird. Die Verwendung entgegengesetzter Teile der Strahleroberfläche ist in jedem Falle zu vermeiden. Vorzuziehen sind die Anordnungen, bei denen das Licht in beiden Strahlengängen von der gleichen Stelle des Strahlers ausgeht, wie z. B. nach OETJEN und ROESS [25], oder nach BECKMAN (Abb. 37). Allerdings bringt hier das Hinzufügen eines zweiten rotierenden Sektorspiegels zusätzliche Justierungsschwierigkeiten. Trotzdem wird dieses letztgenannte System bei vielen modernen Zweistrahl-Spektralphotometern angewendet.

3.4. Strahlungsempfänger

Bei den in der Molekülspektroskopie verwendeten Strahlungsempfängern unterscheidet man drei Gruppen: thermische, photoelektrische und photographische Empfänger. Maßgebend für den Anwendungsbereich ist in erster Linie die jeweilige Empfindlichkeit in einem bestimmten Wellenlängenbereich. Thermische Strahlungsempfänger lassen sich in dem gesamten Gebiet vom fernen UV bis zum fernen IR anwenden, jedoch werden sie im nahen infraroten, sichtbaren und ultravioletten Gebiet von den photoelektrischen Empfängern in ihrer Empfindlichkeit um ein Vielfaches übertroffen. Wenn man die thermischen Empfänger bisweilen trotzdem in diesem Bereich einsetzt, dann liegt der Grund dafür darin, daß sich mit ihnen Absolutmessungen durchführen lassen, weil sie im Gegensatz zu allen anderen Empfängertypen bei geeignetem Aufbau eine für alle Wellenlängen gleichmäßige Empfindlichkeit aufweisen, während die anderen Empfänger stark selektiv wirken, also ein oder mehrere Empfindlichkeitsmaxima bei verschiedenen Wellenlängen besitzen.

3.4.1. Thermische Strahlungsempfänger

Die thermischen Strahlungsempfänger lassen sich im wesentlichen in drei Arten einteilen: Thermoelemente, Bolometer und pneumatische Empfänger. Hinsichtlich ihrer Empfindlichkeit sind sie bei entsprechener Ausführung vergleichbar. Die Forderungen, die an einen Strahlungsempfänger für ein Infrarot-Spektralphotometer gestellt werden, werden durch eine Reihe von Eigenschaften charakterisiert, die gegenseitig voneinander abhängen, d. h. eine Änderung eines Kennwertes bedingt gleichzeitig auch eine Änderung anderer Daten. Von entscheidender Bedeutung für alle drei Arten ist die kleinste erkennbare Strahlungsleistung. Sie liegt in der Größenordnung von 10^{-10} Watt bei den empfindlichsten Detektoren. Ein weiterer wichtiger Faktor ist die Zeitkonstante. Darunter versteht man die Zeit, in der bei einem bestrahlten Thermoelement nach Abschalten der Strahlung der Ausschlag des Meßinstruments auf den Wert $1/e$, also auf 37 % abgefallen ist. Als selbstverständlich gilt, daß die Auffangfläche des Empfängers so geschwärzt ist, daß eine vollständige Absorption der eingestrahlten Energie bei allen in Frage kommenden Wellenlängen erfolgt, um Selektivitäten zu vermeiden. In diesem Zusammenhang muß darauf verwiesen werden, daß z. B. Ruß, der bei sichtbarem Licht eine fast völlige Strahlungsabsorption aufweist, im längerwelligen Infrarot zunehmend durchlässiger wird. Als günstige Schwärzungsmittel haben sich feinverteilte Metalle erwiesen, wie z. B. unter bestimmten Bedingungen elektrolytisch niedergeschlagenes Platin, oder bei einem Vakuum von etwa 0,25 Torr aufgedampftes Wismut.

Die wünschenswerten Eigenschaften eines IR-Strahlungsempfängers lassen sich wie folgt zusammenfassen:

1. möglichst große Empfindlichkeit S_0,
2. kleine Zeitkonstante τ,
3. gleichmäßige Empfindlichkeit über die gesamte Auffangfläche F,
4. Unempfindlichkeit gegenüber äußeren Einflüssen,
5. lange Lebensdauer bei konstanten Werten.

Das Thermoelement beruht auf dem thermoelektrischen Effekt (SEEBECK-Effekt). Zwei Lötstellen unterschiedlicher Metalle weisen eine Potentialdifferenz auf, wenn sie sich auf verschiedener Temperatur befinden. Innerhalb geringer Temperaturdifferenzen ist diese Thermospannung dem Temperaturunterschied der beiden Lötstellen proportional, eine Bedingung, die bei Strahlungsthermoelementen stets erfüllt ist. Das bekannteste Element ist das Zapfenelement nach SCHWARZ [26] (Abb. 10). Es

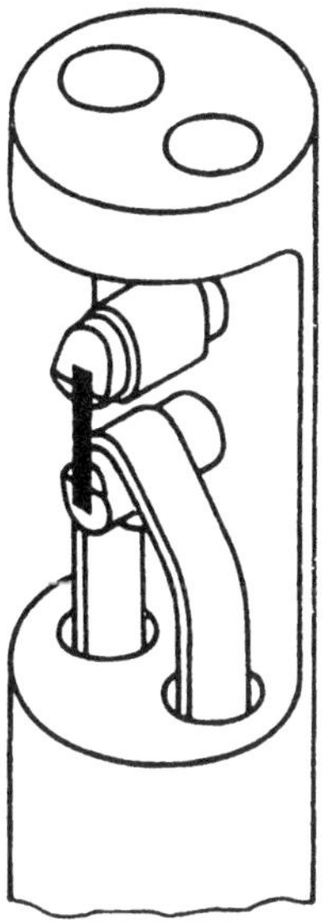

Abb. 10 Zapfenelement [24]

besteht aus zwei Zapfen thermoelektrisch hochwirksamer Legierungen, die an einer Seite mit den Zuleitungsdrähten verbunden sind. An der anderen Seite tragen sie Schneiden, über die eine dünne geschwärzte Goldfolie gespannt ist, die an den Schneiden angeschweißt wurde. Das Ganze befindet sich in einem evakuierten Glaskolben, der für den Strahlungseintritt ein Fenster oder eine Linse aus IR-durchlässigem Material aufgekittet erhält.

Die Theorie des Strahlungsthermoelements wurde unter anderem von GEILING [27] sowie SMITH, JONES und

Chasmar [28] ausführlich behandelt. Infolge der schwierigen experimentellen Nachprüfungsmöglichkeit besteht auch heute in manchen Punkten noch keine völlige Klarheit. Hier sollen nur die für die praktische Anwendung wichtigen Probleme erörtert werden. Ein Thermoelement wird dann besonders empfindlich sein, wenn eine gegebene eingestrahlte Energie eine möglichst große Spannungsdifferenz an einem gegebenen Anzeigegerät liefert. Hier besteht ein grundsätzlicher Unterschied zu den aus der Betriebsmeßtechnik allgemein bekannten Thermoelementen, die in weiten Bereichen der Temperaturmessung dienen. Bei letzteren sind zur Erzeugung und Aufrechterhaltung der Temperaturdifferenz an den beiden Lötstellen Wärmereservoire vorhanden, deren Temperatur durch die Messung praktisch nicht beeinflußt werden kann. Beim Strahlungsthermoelement hingegen steht nur eine sehr begrenzte Energiemenge in Form von Strahlung für die Messung zur Verfügung. Der nächstliegende Gedanke wäre nun der, daß man die beiden thermoelektrischen Metalle nach der Größe des Thermoeffektes auswählt. Dieser liegt bei den für die Temperaturmessung gebräuchlichen Thermopaaren bei etwa 50 μV/Grad. Halbleiter und ihre Legierungen liefern Thermospannungen von 100 bis 500, in besonderen Fällen sogar über 1000 μV/Grad. Hierzu gehören Selen, Tellur, Wismut, Antimon und ihre Legierungen. Es hat sich jedoch gezeigt, daß Paare mit geringerer Thermospannung bisweilen weit höhere Empfindlichkeiten geben. Die Ursache liegt darin, daß es darauf ankommt, daß die eingestrahlte Energie auch tatsächlich eine möglichst große Temperaturdifferenz der Lötstellen erzeugen muß.

Von der eingestrahlten Energie, die durch die Auffangfläche vollständig absorbiert werden soll, wird nur ein Teil zur Erhöhung der Temperatur der Auffangfläche und der Zapfen verbraucht, während ein anderer Teil verlorengeht, und zwar durch Abstrahlung, Wärmeleitung durch die Zuleitungen und Konvektion durch die umgebende Luft. Die letztgenannten Verluste lassen sich durch

Evakuierung beseitigen. Die Theorie ergibt nun, daß dann ein besonders hoher Wirkungsgrad erzielt wird, wenn die durch Strahlung verursachten Verluste gleich den Verlusten aus Wärmeleitung sind. Diese Bedingung läßt sich dann gut erfüllen, wenn bei den Thermometallen das Verhältnis von elektrischer Leitfähigkeit zu Wärmeleitfähigkeit groß wird. GEILING hat hierfür die sogenannte Thermometallzahl eingeführt. Eine große Thermometallzahl braucht keineswegs mit einer übermäßig hohen Thermospannung gepaart zu sein.

Ein weiterer wesentlicher Faktor eines Thermoelementes ist sein innerer Widerstand, der sich aus den Widerständen der Lötstellen, der Auffangfläche, der beiden Zapfen und schließlich der Zuleitung zusammensetzt. Von Nutzen ist hierbei nur der Widerstand der Lötstellen, da an ihm die Thermospannung abfällt. Alle anderen Widerstände bringen zusätzliche Verluste und müssen deshalb hinreichend klein gehalten werden. Bei den Zuleitungen ist das leicht möglich. Die Zapfen werden je nach spezifischem Widerstand hinreichend dick gewählt und verjüngen sich erst in der Nähe der Auflagekanten der Folie. Die Folie selbst muß eine optimale Dicke besitzen. Eine sehr dicke Folie hat zwar einen geringen elektrischen Widerstand, jedoch auch eine große Wärmekapazität. Eine gegebene eingestrahlte Energie wird daher nur eine geringe Erwärmung hervorrufen. Eine sehr dünne Folie hingegen wird sich stärker erwärmen, da die Wärmekapazität gering ist, jedoch ist der elektrische Widerstand höher; außerdem wird auch die Wärmeleitfähigkeit so gering, daß zwischen der Folienmitte und den Lötstellen ein beträchtliches Temperaturgefälle entstehen kann, das in seiner Wirkung einer Verkleinerung der Folienfläche gleichkommt. Bei der Wahl des Folienmaterials wurde dem Gold der Vorzug gegeben, da es sich leicht in dünner Form herstellen läßt und seine spezifische Wärme sehr gering ist. Bei der Schwärzung ist jedoch darauf zu achten, daß die Schicht zwar zur Absorption aller Strahlung ausreichend ist, das Gewicht der Folie und damit die Wärmekapazität aber nicht zu sehr vergrößert werden. Normalerweise beträgt die Foliendicke einige Zehntel μm und die Schwärzung etwa 10 % des Foliengewichtes. Die sich ergebenden inneren Widerstände R_i können je nach Thermometall und Ausführung in weiten Grenzen schwanken, von wenigen Ohm bis zu einigen hundert Ohm. Aus Gründen, die in Abschnitt 3.5. näher erläutert werden, bevorzugt man jedoch niedrige Werte.

Die Größe der Auffangfläche F bestimmt ebenfalls das Gewicht und damit die Temperaturerhöhung der Folie. Sehr kleine Folien geben leistungsfähigere Thermoelemente. So werden Elemente mit Flächen von $0{,}2 \times 2\ \text{mm}^2$ hergestellt. Eine weitere Verkleinerung ist aus optischen Gründen kaum durchführbar, da ja der Austrittsspalt des Monochromators auf der Auffangfläche abgebildet werden muß und hierbei normalerweise ein Verkleinerungsmaßstab von 6 : 1 anwendbar ist. Bei noch stärkerer Verkleinerung treten Schwierigkeiten bei der Ausnutzung der vollen Apertur auf, da der Strahlenwinkel zwischen Thermoelement und Abbildungsspiegel zu groß wird.

Schließlich ist noch die Zeitkonstante τ zu erwähnen. Da heute alle IR-Spektralphotometer mit Wechsellicht arbeiten, um sich der einfacheren Wechselspannungsverstärkung bedienen zu können, muß das Thermoelement auf rasche Änderungen der Strahlungsintensität ansprechen. Je schneller es den Änderungen zu folgen vermag, d. h. je kleiner seine Zeitkonstante ist, um so höhere Wechsellichtfrequenzen lassen sich anwenden und um so schneller kann ein Spektrum abgetastet werden. Ein Thermoelement mit großer Zeitkonstante wird raschen Änderungen in der Bestrahlungsintensität nur in sehr geringem Umfang folgen, der Modulationsgrad m wird klein sein. m läßt sich nach den Gesetzen, die für den Spannungsverlauf eines an Wechselspannung liegenden Kondensators gelten, berechnen:

$$m = \frac{1}{\sqrt{1 + \omega^2 \tau^2}}.$$

Damit ein Thermoelement eine kleine Zeitkonstante besitzt, ist eine rasche Ableitung der zugeführten Strahlungsenergie erforderlich. So ist es ohne weiteres klar, daß nicht evakuierte Thermoelemente gegenüber Vakuumelementen eine viel kleinere Zeitkonstante haben, aber auch eine kleinere Empfindlichkeit. Es gilt also, in jeder Hinsicht einen Kompromiß zu schließen, um den besten Wirkungsgrad zu erzielen. JONES [29] hat deshalb alle maßgebenden Werte zu einem Gütefaktor zusammengefaßt:

$$M = \frac{0{,}47 \cdot S_0 \sqrt{F}}{\sqrt{R_i \cdot \tau}}.$$

Er gestattet einen Vergleich der Leistungsfähigkeit verschiedener Typen von Strahlungsthermoelementen. Allerdings können die Angaben der Hersteller je nach Ausführung der Messung der einzelnen Faktoren ziemlich stark schwanken, und es ist deshalb bei der Beurteilung der verschiedenen Fabrikate einige Vorsicht ratsam. Über die Durchführung der Messungen hat KORTÜM ausführlich berichtet [30]. Die vom VEB Carl Zeiss, Jena, hergestellten Vakuumthermoelemente sind meist mit einer Folie $0{,}5 \times 2\ \text{mm}^2$ und einer KBr-Linse ausgestattet. Sie erreichen einen durchschnittlichen Gütefaktor $M = 0{,}3$, in Ausnahmefällen über 0,4. Die Zeiss-Thermoelemente VTh 1 und VTh 1 L haben einen inneren Widerstand $R_i = 30$ Ohm und eine Zeitkonstante $\tau = 30$ msec. Die Strahlungsempfindlichkeit S_0 liegt bei den besten Exemplaren bei 8 bis 10 V/W. Hierbei handelt es sich nicht um Zapfenelemente, sondern um nach dem Aufdampfverfahren hergestellte Typen (Schichtelemente, bei denen die Streuung der Werte bei der Herstellung nicht ganz so groß zu sein scheint). Die mechanische Festigkeit ist besser als bei den Zapfenelementen. Da es sich bei allen modernen Strahlungsthermoelementen um hochempfindliche Bauteile handelt, müssen Einstrahlungen intensiven Lichtes sowie Anlegen von Spannungen (z. B. durch defekte Lötkolben) unbedingt vermieden werden, da sie zu einer sofortigen Zerstörung führen können.

Bolometer sind Widerstandsthermometer, bedürfen also im Gegensatz zum Thermoelement einer angelegten Hilfsspannung, deren Konstanz in das Meßergebnis mit eingeht. Hochempfindliche Bolometer sind in ihren Abmessungen und Aufbau mit den Thermoelementen vergleichbar. Die Auffangfläche besteht aus einer geschwärzten Metallfolie mit großem Temperaturkoeffizienten des spezifischen Widerstandes. Der innere Widerstand R_i des Bolometers läßt sich in etwa gleicher Größe herstellen wie bei den Thermoelementen. Die Entnahme einer maximalen Leistung erreicht man dann, wenn $R_i = R_a$, d. h. wenn der äußere Widerstand R_a (Vorwiderstand) von gleicher Größe wie der Bolometerwiderstand gewählt wird. Als Widerstandsmaterial für die Folie verwendet man meist Reinmetalle, wie z. B. Platin oder Nickel. Der Widerstands-Temperaturkoeffizient der Legierungen ist kleiner. Für die Erlangung maximaler Empfindlichkeit und kleiner Zeitkonstante lassen sich analoge Überlegungen anstellen wie beim Thermoelement. Hochempfindliche Bolometer befinden sich ebenfalls in einem evakuierten Gehäuse.

Während die normalen Metallbolometer einen niedrigen inneren Widerstand besitzen, lassen sich aus Halbleitern auch Strahlungsempfänger mit höherem Widerstand herstellen, die sogenannten Thermistoren. Der verstärkungstechnisch ungünstige Einfluß ihres hohen Widerstandes in der Größenordnung von vielen Kiloohm wird durch den um Größenordnungen höheren Temperaturkoeffizienten der elektrischen Leitfähigkeit wieder aufgehoben. Ein gewisser Nachteil ist die leichte Zerbrechlichkeit und Sprödigkeit der Halbleitermaterialien. Trotz der gegenüber Thermoelementen leichteren Herstellung von Bolometern werden sie heute in den modernen Infrarot-Spektralphotometern verhältnismäßig selten verwendet.

Die dritte Art der thermischen Strahlungsempfänger beruht auf einem völlig anderen Prinzip, der Wärmeausdehnung eines Gases, und ist als GOLAY-Zelle bekannt [31] (Abb. 11). Eine kleine Kammer ist vorn durch ein für die Strahlung durchlässiges Fenster abgeschlossen. An der Rückseite befindet sich eine flexible Membran, die außen verspiegelt ist. Die Füllung der Kammer besteht meist aus Xenon oder Krypton. Da das Gas die Strahlung nicht absorbiert, ist in der Mitte der Kammer noch eine dünne geschwärzte Folie angebracht, die von der durch das Fenster eintretenden Strahlung erwärmt

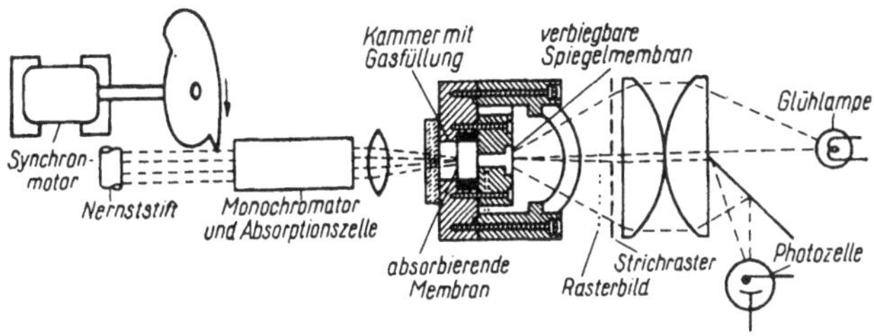

Abb. 11 GOLAY-Zelle [31]

wird und dann diese Wärme an das umgebende Gas abgibt, das sich ausdehnt und die flexible Membran deformiert. Die Deformation ist ein Maß für die Strahlungsintensität und kann auf zweierlei Art gemessen werden. Entweder bildet die Membran die eine Platte des Kondensators, dessen Kapazitätsänderung ermittelt wird, oder aber — was häufiger der Fall ist — ein optisches Hebelsystem wird verwendet. Eine Lichtquelle durchstrahlt ein Strichraster, das nach Reflexion an der verspiegelten Membran in der Ebene eines gleichen Rasters abgebildet wird. Je nach Deformation der Membran fällt das Licht mehr oder weniger zwischen oder auf die undurchsichtigen Rasterstriche. Die dahinter auftretenden Intensitätsschwankungen werden mittels einer Photozelle gemessen. GOLAY-Zellen lassen sich mit relativ kleiner Zeitkonstante (wenige msec) und hoher Empfindlichkeit herstellen. Der Einsatz in IR-Spektralphotometern ist besonders dort vorteilhaft, wo mit größeren Spaltbreiten gearbeitet werden muß, hauptsächlich in Gittergeräten, da die Auffangfläche der pneumatischen Detektoren größer gehalten werden kann als die der Thermoelemente und Bolometer. Nachteilig wirkt sich bisweilen die etwas kurze Lebensdauer aus, da die Membran offenbar nach einigen Monaten (oder manchmal erst Jahren) Ermüdungserscheinungen aufweist.

Schließlich muß noch auf eine weitere Art von thermischen Detektoren hingewiesen werden, die bis jetzt noch keine praktische Verwendung gefunden haben, aber aus theoretischen Überlegungen heraus in der Lage wären, die vorgenannten Typen in ihrer Empfindlichkeit noch zu übertreffen. Hierbei handelt es sich um Anordnungen, die die Wärmeausdehnung eines festen Körpers zum Prinzip haben [32]. Die Längenänderung einer dünnen geschwärzten Folie, auf die die Strahlung fällt, wird über ein Hebelsystem in die Drehung eines kleinen Spiegels umgewandelt. Dieser Spiegel lenkt das auf ihn fallende Licht einer Hilfslichtquelle ab und wirkt dabei als optischer Hebel. Die Ablenkung kann mittels Photozelle gemessen werden und ist der eingestrahlten Wärmemenge proportional.

3.4.2. Photoelektrische Strahlungsempfänger

Während das von einem thermischen Strahlungsempfänger erhaltene Signal der eingestrahlten Energie in Form von Wärme proportional war, sprechen die photoelektrischen Detektoren auf die Anzahl der eingestrahlten Lichtquanten an. Je nachdem, ob dabei eine Spannung erzeugt wird oder sich der Widerstand eines Stoffes bei Beleuchtung ändert, spricht man von Photoelementen oder Photowiderständen. Eine weitere Art der Einteilung ist die zwischen Strahlungsempfängern mit äußerem oder mit innerem Photoeffekt. Zu den Detektoren mit äußerem Photoeffekt zählen Vakuumphotozellen, gasgefüllte Photozellen und Sekundärelektronenvervielfacher. Detektoren mit innerem Photoeffekt sind die Photoelemente und die Photowiderstände, z. B. die Kadmiumsulfid-,

Bleisulfid-, Bleiselenid-, Bleitellurid- und Indiumantimonidzelle (ausführliche Beschreibung siehe [33, 28]).

Selenphotoelemente, deren Empfindlichkeit im sichtbaren Bereich liegt, werden in Spektralphotometern selten angewandt, während man sie in Kolorimetern und Photometern mit Galvanometeranzeige häufig findet. Dies liegt in erster Linie an der schlechten Anpassung ihres an sich nicht konstanten Widerstandes an die meist noch verwendeten Röhrenverstärker, aber auch mit an ihrer zu großen Zeitkonstante. Bereits beim Wechsellichtbetrieb mit 50 Hz treten Verluste auf, da die Kapazität der Elemente zu groß ist. Die neuerdings hergestellten Germanium-Photodioden [34] würden sich auf Grund ihres höheren Widerstandes und ihrer kleinen Zeitkonstante besser eignen, doch steckt ihre Entwicklung noch im Anfang, und infolge ihrer kleinen Dimensionen ist ihr Einsatz vor allem für verschiedene Schaltzwecke vorgesehen.

Für den ultravioletten und sichtbaren Bereich verwendet man für Meßzwecke fast ausschließlich Vakuumphotozellen bzw. Sekundärelektronenvervielfacher gleicher Katodenzusammensetzung. Die Vakuumphotozellen bestehen aus einem evakuierten Glaskolben, der innen eine Schicht aus Alkalimetall, die Photokatode, besitzt; in einem gewissen Abstand befindet sich die Anode in Form eines Drahtbügels. Das durch ein Fenster eintretende Licht macht aus der Katode Elektronen frei, die bei Anlagen einer Spannung zur Anode transportiert werden. Die Stromstärke ist der Zahl der eingestrahlten Lichtquanten proportional. Bei UV-Licht besteht der Kolben bzw. das Eintrittsfenster aus Quarz. Damit Elektronen aus der Katode in Freiheit gesetzt werden können, muß die Energie $\varepsilon = h \cdot \nu$ der einfallenden Strahlung mindestens gleich oder größer sein als die Austrittsarbeit der Elektronen, diese wird üblicherweise in eV gemessen.

Gasgefüllte Zellen haben höhere Empfindlichkeit als Vakuumzellen, da die Photoelektronen durch Stöße mit den Gasmolekülen weitere Sekundärelektronen in Freiheit setzen und damit den Photostrom verstärken. Jedoch ist ihre Konstanz nicht ausreichend, und sie werden deshalb für Meßzwecke selten verwendet, während sie in Zählschaltungen als Lichtschranken häufig anzutreffen sind.

Die gewöhnliche Photozelle hat verschiedene Nachteile. Zur Erlangung einer ausreichenden Empfindlichkeit müssen sehr hochohmige Arbeitswiderstände eingesetzt werden, größenordnungsmäßig einige tausend Megohm. Für die anschließende Verstärkung sind daher sehr empfindliche Elektrometerverstärker erforderlich. Bei hohen Verstärkungsgraden macht sich das Widerstandsrauschen des Arbeitswiderstandes (siehe unter 3.5.) störend bemerkbar. Aus diesen Gründen zieht man ihnen die Sekundärelektronenvervielfacher (photomultiplier) vor.

Beim Sekundärelektronenvervielfacher (SEV) treffen die bei Beleuchtung aus der Photokatode freiwerdenden Elektronen auf eine Sekundäremissionsschicht aus einem Metall, das in der Lage ist, leicht Elektronen abzugeben. Bei Auftreffen eines Elektrons werden mehrere neue Elektronen in Freiheit gesetzt. Durch Hintereinanderschalten einer größeren Anzahl solcher Sekundäremissionselektroden, Dynoden genannt, erzielt man hohe Verstärkungen, ohne den Arbeitswiderstand unbequem groß wählen zu müssen. So lassen sich mit 11- bis 13stufigen SEV Verstärkungsgrade von 10^6 bis 10^7 leicht erreichen. Zwischen Anode (letzter Dynode) und Katode liegt ein Spannungsteiler, der die für die Dynoden erforderliche von Stufe zu Stufe zunehmende Spannung zu liefern hat. Die Spannungsdifferenz zwischen den einzelnen Dynoden verleiht den Sekundärelektronen die nötige Beschleunigung. Durch den Einsatz von SEV mit deren hoher Verstärkung erreicht man die vollständige Beseitigung des Widerstandsrauschens, da die am Arbeitswiderstand von wenigen Megohm Größe auftretende Rauschspannung weit unter der dort bereits millionenfach verstärkten Signalspannung liegt. Jede Photokatode sendet auch thermische Elektronen aus, die im SEV ebenso verstärkt werden. Man bezeichnet diese Erscheinung als Dunkelstrom. Da der

Dunkelstrom statistischen Schwankungen unterliegt, wird ein durch ihn verursachtes Rauschen beobachtet. Das Dunkelstromrauschen (und auch der Dunkelstrom selbst) hängen sehr stark von der Temperatur der Katode ab. Deshalb wird bei Messung sehr schwacher Lichtintensitäten häufig die Photokatode mit Trockeneis oder flüssiger Luft gekühlt. Die Zunahme des Dunkelstromrauschens macht sich bei nichtgekühlten SEV bereits bei erhöhter Zimmertemperatur oft störend bemerkbar. Daneben hängt das Rauschen auch sehr vom Typ des SEV ab. Selbst bei ein und demselben Typ zeigen sich Exemplarstreuungen von mehr als einer Größenordnung, weshalb bei Messung schwacher Signale stets besonders ausgesuchte Exemplare verwendet werden müssen.

Die Verstärkung V eines SEV ist selbstverständlich auch in hohem Maße von der angelegten Spannung U abhängig:

$$\frac{dV}{V} = c \cdot n \cdot \frac{dU}{U}$$

($c = 0{,}7$; n = Zahl der Dynoden).

Deshalb werden an die Konstanz des Hochspannungsnetzgerätes sehr hohe Anforderungen gestellt.

Die Verstärkung ist bei konstanter Versorgungsspannung und konstanter Temperatur nach einer gewissen Anlaufzeit hinreichend konstant. Die Anlaufzeit wird vom Hersteller angegeben und liegt meist bei 10 bis 15 Minuten, jedoch können auch erhebliche Abweichungen davon eintreten. Stärkere Beleuchtungen bei anliegender Spannung sind zu vermeiden. Proportionalität des Anodenstroms gegenüber der Zahl der eingestrahlten Lichtquanten ist bei geringen Anodenströmen (unter 1 μA) gegeben, wenn nicht herstellungsbedingte Fehler in der Photokatode Abweichungen verursachen. Deshalb ist eine Überprüfung der Linearität oft zweckmäßig. Verschiedene Stellen der Photokatode weisen jedoch häufig eine unterschiedliche Emissionsfähigkeit auf, weshalb bei Vergleichsmessungen stets die gleiche Stelle der Katode zu verwenden ist. Das gleiche gilt für die meisten lichtelektrischen Empfänger. Die Zeitkonstante der SEV und Vakuumphotozellen ist so klein, daß mit Lichtwechselfrequenzen von Megahertz gearbeitet werden kann.

In der äußeren und inneren Ausführung unterscheidet man mehrere Typen. Hier sei nur auf die zwei Gruppen von SEV mit Frontkatode oder mit seitlicher Katode hingewiesen. Letztere eignen sich besser für die Anordnung hinter einem Spalt, da ihre Katode meist eine längliche Form hat. Die für die Impulszähler entwickelten SEV mit Frontkatode haben oft für spektralphotometrische Zwecke zu große Flächen, die nur den Dunkelstrom erhöhen. Bei der Type M 12 FS 35 des VEB Carl Zeiss, Jena, läßt sich die wirksame Fläche durch ein elektronenoptisches System verkleinern [35].

Während die langwellige Empfindlichkeitsgrenze der Photozellen und SEV im Rot liegt, lassen sich Photowiderstände je nach Zusammensetzung auch im nahen Infrarot einsetzen. Durch Einstrahlung von Energie werden in den Halbleitern Elektronen auf Energieniveaus gehoben, die eine leichte Ablösung aus dem Molekül gestatten, so daß bei Beleuchtung mit Licht geeigneter Wellenlänge die Leitfähigkeit proportional der Zahl der eingestrahlten Lichtquanten zunimmt.

Der in der Molekülspektroskopie am meisten verwendete Photowiderstand ist die Bleisulfidzelle. Sie besteht aus einem Glasplättchen, das mit einer PbS-Schicht überzogen ist. An zwei gegenüberliegenden Seiten befinden sich metallene Elektroden zur Stromzuführung. Ein Gehäuse mit Quarzfenster schützt die Zelle vor mechanischen Beschädigungen. Die Größe der Auffangfläche beträgt normalerweise einige mm^2. Der innere Widerstand läßt sich bei der Herstellung in gewissen Grenzen verändern und liegt zwischen einigen hundert Kiloohm und wenigen Megohm. Die Zeitkonstante der PbS-Zelle ist zwar bedeutend kleiner als die aller thermischen Strahlungsempfänger, jedoch auch viel größer als die der Photozellen und SEV. Bei Lichtwechselfrequenzen über

500 Hz macht sich bereits ein Abfall bemerkbar, doch kann mit 1000 Hz noch gut gearbeitet werden. Ähnlich wie bei den SEV unterliegt auch der Leitungsmechanismus der Photowiderstände statistischen Schwankungserscheinungen, die mit zunehmender Temperatur stark ansteigen. Für besonders empfindliche Messungen verwendet man deswegen mit Trockeneis gekühlte PbS-Zellen, mit denen man eine Empfindlichkeitssteigerung um den Faktor 10 erreichen kann. Bei ungekühlten PbS-Zellen (Hersteller: VEB Carl Zeiss, Jena) haben gute Exemplare eine Empfindlichkeit von etwa 150 V/W. Bei einem Anpassungswiderstand ($R_a = R_i$) von etwa 300 kOhm und einer an die Zelle angelegten Gleichspannung von 30 bis 50 V beträgt das Rauschen etwa 5 μV (gemessen in 1000-Hz-Resonanzschaltung mit bestimmter Bandbreite).

Die Bleisulfidzelle wird meist im nahen Infrarot bis 3,5 μm eingesetzt. Bisweilen ist es notwendig, zur Untersuchung des Ablaufs schnell ablaufender Reaktionen Spektren bis zu größeren Wellenlängen aufzunehmen. Die thermischen Detektoren sind hierfür zu träge. Durch Ersatz des Schwefels im Bleisulfid durch Selen bzw. Tellur läßt sich die langwellige Empfindlichkeitsgrenze hinausschieben. Allerdings ist bei diesen Zellen die Empfindlichkeit infolge hohen Rauschens bei Zimmertemperatur nicht mehr ausreichend; sie müssen stets in gekühltem Zustand verwendet werden. Das gleiche gilt für die Indiumantimonidzelle, mit der man bis zu etwa 7 μm gelangt. In letzer Zeit sind Zellen auf Germaniumbasis gebaut worden, die bei entsprechender Kühlung Messungen bis 10 μm gestatten. Infolge der großen meßtechnischen Schwierigkeiten werden die letztgenannten Photowiderstände jedoch nur in Ausnahmefällen verwendet. Im sichtbaren Bereich findet die Talliumsulfidzelle stärkere Anwendung, doch ist sie in ihrer Empfindlichkeit dem SEV weit unterlegen. Alle Photowiderstände unterliegen einer gewissen Alterung, die zu einer merklichen Verschlechterung der anfangs gemessenen Werte führen kann.

3.4.3. Photographische Aufnahme

Die Verwendung von Spektrographen in der Molekülspektroskopie ist seit Einführung moderner lichtelektrischer Geräte weit in den Hintergrund getreten. Die hauptsächlichen Anwendungsgebiete liegen heute noch bei Spezialproblemen, für die die kommerziellen modernen Apparate weniger oder nicht geeignet sind, wie z. B. im fernen Ultraviolett sowie bei der Aufnahme besonders lichtschwacher Fluoreszenz- und Raman-Spektren. Bei quantitativen Untersuchungen ist die Photoplatte dem SEV oder der Photozelle eindeutig unterlegen.

Zwischen den oben beschriebenen lichtelektrischen Empfängern und der photographischen Aufnahme besteht ein grundsätzlicher Unterschied. Während die Photozelle die Messung einer Lichtintensität gestattet, wird auf der Photoplatte die Schwärzung bestimmt, die durch eine bestimmte Lichtmenge erzeugt wurde. Die Schwärzung ist also dem Produkt aus Lichtintensität und Belichtungszeit proportional. Folglich kann man bei lichtschwachen Erscheinungen durch Anwendung sehr langer Belichtungszeiten oft dann noch meßbare Schwärzungen hervorrufen, wo selbst beim SEV die Messung im Rauschpegel untergeht. Der Zusammenhang zwischen Schwärzung und Lichtmenge ist nur in einem gewissen Bereich linear, der sich aus der Schwärzungskurve ergibt. Als Schwärzung S bezeichnet man den Logarithmus des Verhältnisses der Intensität des an der geschwärzten Stelle durchgelassenen Lichts zur Intensität des an unbelichteten Stellen der Platte durchgelassenen Lichts. Aus der Schwärzungskurve (Abb. 12) geht hervor, daß erst eine bestimmte Lichtmenge vorhanden sein muß, bis überhaupt eine Schwärzung eintritt, der sogenannte Schwellenwert. Die Mitte der Kurve ist annähernd linear. Die Steigung dieses Teils γ (tg des Neigungswinkels) bezeichnet man als Gradation der photographischen Emulsion. Bei großen Lichtmengen kann schließlich keine weitere Schwärzung mehr eintreten, und die Kurve verläuft wieder flacher. Bei manchen Emulsionen tritt bei sehr starker Lichteinwirkung wieder eine Abnahme der Schwärzung ein, was man als Solarisation bezeichnet.

Für quantitative Messungen ist noch ein weiterer Effekt von Bedeutung, der sogenannte SCHWARZSCHILD-Effekt. Es ist nicht gleichgültig, ob man die doppelte Zeit bei halber Intensität belichtet oder umgekehrt:

$$S = I \cdot t^x \quad (x = \text{SCHWARZSCHILD-Exponent}).$$

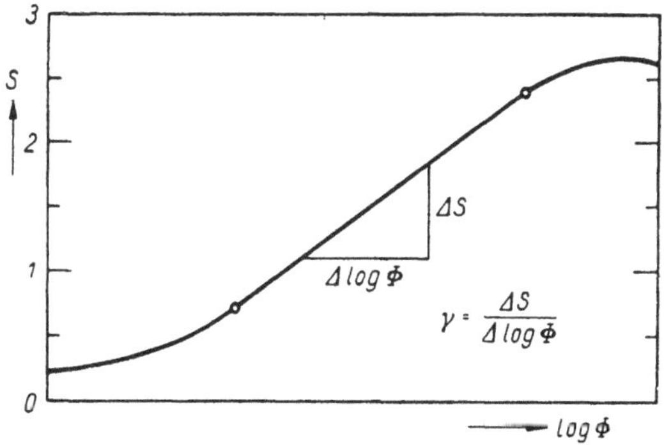

Abb. 12 Schwärzungskurve

Da die photographische Aufzeichnung in der Emissionsspektroskopie auch heute noch in großem Umfang angewandt wird, hat es nicht an Methoden gefehlt, die Schwärzungskurve, besonders den flachen Anstieg, zu linearisieren, was man z. B. durch Umzeichnen in bestimmtes Koordinatenpapier erreicht. Am bekanntesten ist die SEIDEL-Transformation [36].

Die spektrale Empfindlichkeit der photographischen Emulsionen läßt sich durch Sensibilisierung steuern. Da die Absorption des Bromsilbers im Blau bis Ultraviolett liegt, ist dort bei unsensibilisiertem Material das Empfindlichkeitsmaximum. Zumischen bestimmter Farbstoffe (Sensibilisatoren) gestattet die Herstellung von rot- und infrarotempfindlichen Schichten (bis etwa 1,2 μm). Prinzipiell ist eine Sensibilisierung für noch größere Wellenlängen möglich, doch würde dann die bei Raumtemperatur von allen Gegenständen ausgesandte Strahlung bereits eine Schwärzung hervorrufen. Man könnte die Platte bei tiefen Temperaturen verwenden, doch bereitet dann das Entwickeln Schwierigkeiten. Zweckmäßiger erscheint die Sensibilisierung für das kurzwellige UV (SCHUMANN-Gebiet). Die SCHUMANN-Platten haben eine besonders gelatinearme Schicht, da Gelatine in diesem Bereich stark absorbiert. Man kann aber auch mit normalen Platten arbeiten, wenn man sie mit einer fluoreszierenden Schicht überzieht, z. B. durch Baden in einer Natriumsalizylat-Lösung vor der Aufnahme.

Die bei quantitativen Messungen auftretenden Fehler können recht erheblich sein, wenn bei der Verarbeitung nicht besondere Maßnahmen berücksichtigt werden. Besonders die bei der Entwicklung auftretenden Abweichungen müssen auf ein Minimum beschränkt werden. Dies erreicht man durch genaueste Einhaltung der Entwicklungsbedingungen, z. B.:

Vorgeschriebene Entwicklersorte bestimmter Konzentration,

Entwicklung im Thermostaten nach der Stoppuhr,

Verwendung frischen Entwicklers für jede Platte,

Aufnahme einer Schwärzungskurve für jede Platte durch Einkopieren eines geeichten Stufenfilters und Bezug jeder Schwärzung auf die Schwärzungskurve,

Aufrechterhaltung einer bestimmten Bewegung des Entwicklers, z. B. durch Pinselstriche über die Platte im Rhythmus einer Taktuhr.

Bereits hieraus geht hervor, daß bei Forderung höherer Genauigkeit das Verfahren recht umständlich und zeitraubend ist. Wenn noch genaue Wellenlängenmessungen durchgeführt werden sollen, dann sind als Negativmaterial Platten dem Film unbedingt vorzuziehen, da Film nicht so maßhaltig ist und je nach Feuchtigkeitsgehalt der Schrumpfung unterliegt. Außerdem ist eine gute Planlage bei Film nicht immer leicht zu realisieren.

Es ist klar ersichtlich, daß den photoelektrischen Verfahren fast eindeutig der Vorzug gebührt, und daß es nur eine Frage der Zeit ist, bis auch in den wenigen Sonderfällen durch Steigerung der Empfindlichkeit der SEV die Photoplatte verdrängt sein wird.

3.5. Verstärkung der Signale

Zur Signalverstärkung sind verschiedene elektronische Baugruppen erforderlich. Man kann folgende Einteilung treffen: Vorverstärker, Demodulatoren, Registriereinrichtungen, Netzgeräte. Dem Vorverstärker kommt die Aufgabe zu, das in sehr schwacher Form vorliegende Signal, meist eine Wechselspannung, so weit zu verstärken, damit es einer weiteren Verarbeitung zur Gewinnung des Meßergebnisses zugänglich wird. Der Demodulator verwandelt es in eine leichter meßbare Gleichspannung, bzw. trennt bei manchen Zweistrahlgeräten die Signale von Meßstrahl und Vergleichsstrahl, so daß in der nachfolgenden Anzeigeeinrichtung das Meßergebnis in Form einer Skalenablesung oder einer Registrierkurve erhalten werden kann. Die zur Stromversorgung dienenden Netzgeräte sind meist elektronisch stabilisiert. Entsprechende Schaltungen sind in der Literatur sehr häufig zu finden [37].

3.5.1. Vorverstärker

Der Aufbau des Vorverstärkers richtet sich nach der Art des verwendeten Strahlungsempfängers und der Lichtwechselfrequenz. Seine wesentlichen Eigenschaften sind:

1. Anpassung des Signalgebers (Detektors) an den Verstärkereingang,
2. in bestimmten Grenzen vorgegebener Frequenzgang,
3. möglichst geringes Rauschen,
4. weitgehende Unempfindlichkeit gegenüber äußeren Störungen.

Bei niederohmigen Signalgebern (Thermoelement, Bolometer) ist eine direkte Ankopplung an den Verstärkereingang nicht möglich, da die in ihnen auftretenden Spannungen kleiner sind als die am Verstärkereingang auftretende Rauschspannung. Das Rauschen einer Verstärkerstufe setzt sich aus verschiedenen Anteilen zusammen:

a) Widerstandsrauschen des Eingangswiderstandes,
b) Röhrenrauschen (Schroteffekt, Gitterverteilungsrauschen, Funkeleffekt).

Alle Anteile lassen sich zu einem äquivalenten Rauschwiderstand $R_{\text{äqu}}$ zusammenfassen. Dann ist die am Eingang auftretende Rauschspannung nach NYQUIST:

$$\bar{U}_R = \sqrt{kT\, R_{\text{äqu}} \cdot \Delta f}.$$

Hierin bedeuten k die Boltzmann-Konstante, T die absolute Temperatur und Δf die Bandbreite des Verstärkers in Hz, d. h. den Frequenzbereich, der von den beiden Grenzfrequenzen f_u und f_0 bestimmt wird, bei denen die Verstärkung auf $\frac{1}{\sqrt{2}} = 70\,\%$ abgefallen ist. Bei einem Thermoelement-Verstärker ist $R_{\text{äqu}} \gg R_{\text{Th}}$ (Widerstand des Thermoelements). Deshalb verwendet man einen Eingangsübertrager, dessen Übersetzungsverhältnis so gewählt wird, daß der Thermoelement-Widerstand R_{Th} auf den Wert des Verstärker-Eingangswiderstandes R_e hochtransformiert wird. Die Transformation erfolgt dabei mit dem Quadrat des Übersetzungsverhältnisses. In der Praxis haben die Thermoelemente Widerstände zwischen etwa 2 Ohm und 30 Ohm, so daß die Eingangsübertrager Übersetzungsverhältnisse von 1:1000 bis 1:300 besitzen. Die an der Sekundärseite auftretenden Spannungen liegen größenordnungsmäßig bei wenigen μV.

Infolge der Kleinheit der Signale werden an die Eingangsübertrager sehr hohe Anforderungen gestellt. Die in ihnen auftretenden Verluste sollen möglichst gering sein.

Deshalb wählt man Kerne aus magnetisch hochwertigem Material, sogenanntem Mu-Metall, das eine besonders hohe Anfangspermeabilität μ aufweist ($\mu = 10000$ bis 100000). Äußere magnetische Streufelder wirken sich bei dem niederohmigen Eingangskreis und hohen Übersetzungsverhältnis sehr ungünstig aus, besonders die mit Netzfrequenz eingestreuten Störungen, die sich kaum ganz vermeiden lassen. Abschirmungen aus mehrfach ineinandergeschachtelten Mu-Metallbechern, Wahl von Ringkernen, die besonders streuarm sind, und günstigste räumliche Ausrichtung des gesamten Vorverstärkers halten die Störspannungen so niedrig, daß sie in den nachfolgenden Verstärkerstufen keine Übersteuerung verursachen können. Besonders empfindlich sind auch die hochohmigen Zuleitungen der Sekundärseite des Eingangsübertragers zum Gitter der ersten Verstärkerröhre. Ist ihre Verlegung nicht völlig starr, so daß sie bei Erschütterungen zum Vibrieren kommen, treten bei Stößen starke Störungen auf. Ein richtig aufgebauter Vorverstärker in erschütterungsgedämpfter Lage (Schaumgummi) ist so stabil, daß kleinere Stöße am Gerät oder Betrieb von Motoren in mehr als 1 m Entfernung kaum Störungen verursachen.

Besondere Beachtung muß bei allen empfindlichen Verstärkern der richtigen Erdung geschenkt werden. Alle Masseverbindungen sollen strahlenförmig zu einem Punkt führen, z. B. der Katode der ersten Röhre. Erdschleifen sind in jedem Falle zu vermeiden (z. B. zwei verschiedene Erden).

Die bei Thermoelementverstärkern verwendeten Frequenzen liegen infolge der großen Zeitkonstante der Thermoelemente bei etwa 5 bis 20 Hz. Zur Unterdrückung des Rauschens, wobei besonders der bei niedrigen Frequenzen auftretende Funkeleffekt der ersten Röhre stört, wird mit einer kleinen Bandbreite gearbeitet. Bereits eine Resonanzabstimmung des Eingangsübertragers bringt hier Vorteile. Die erste Röhre wird meist aus der Serie nach kleinem Rauschen, vor allem kleinem Funkeleffekt, ausgesucht. Da es sich beim Funkeleffekt um ungleichmäßigen Elektronenaustritt aus der Katodenoberfläche handelt, läßt er sich durch Herabsetzung der Heizspannung verringern. Auch eine niedrige Anodenspannung wirkt sich günstig aus. Die erste Röhre wird zwecks Fernhaltung der Netzfrequenz mit Hochfrequenz (etwa 100 kHz) geheizt, was sich besser bewährt hat als eine Gleichstromheizung. Abb. 13 und 14 zeigen zwei Schaltungen von Thermoelement-Vorverstärkern. Bei der

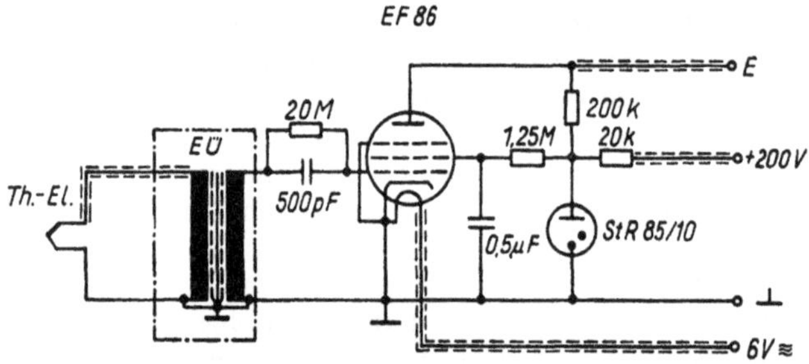

Abb. 13 Thermoelement-Vorverstärker [43]

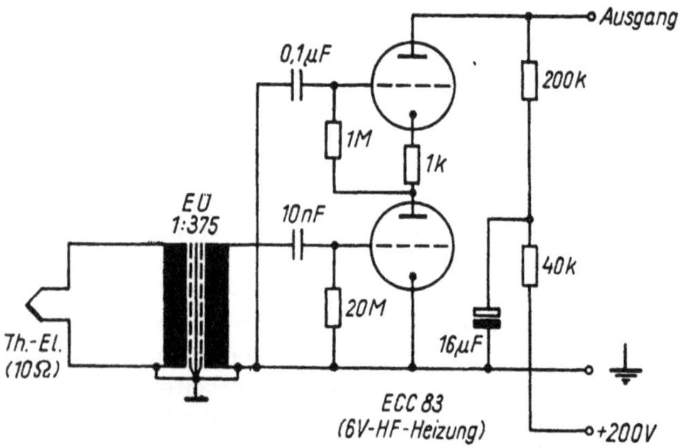

Abb. 14 Thermoelement-Vorverstärker in Kaskodenschaltung [71]

zweiten wurde die aus der UKW- und Fernsehtechnik bekannte Kaskodenschaltung angewandt. Der erreichbare Spannungsverstärkungsgrad liegt zwischen 10^4 und 10^5. Bei der GOLAY-Zelle ist der optische Vorverstärker bereits eingebaut.

Die weiteren Verstärkerstufen werden in konventioneller Art ausgeführt, da sie kaum mehr zum Rauschen beitragen. Jedoch werden alle diese Niederfrequenzverstärker schmalbandig, d. h. mit geringer Bandbreite gebaut. Dies wird in bequemer Weise mittels eines Doppel-T-Gliedes erreicht, das sich in einem Gegenkopplungszweig befindet. Es ist auf die Meßfrequenz abgestimmt, für die es eine Sperre darstellt. Alle anderen Frequenzen werden mehr oder weniger gegengekoppelt (Abb. 15).

Entstammt das Signal einem SEV oder einer Bleisulfidzelle, dann kann es direkt an den Eingang des Vorverstärkers angeschlossen werden, da deren Widerstände den gewünschten Betrag von etwa 0,3 bis 10 Megohm be-

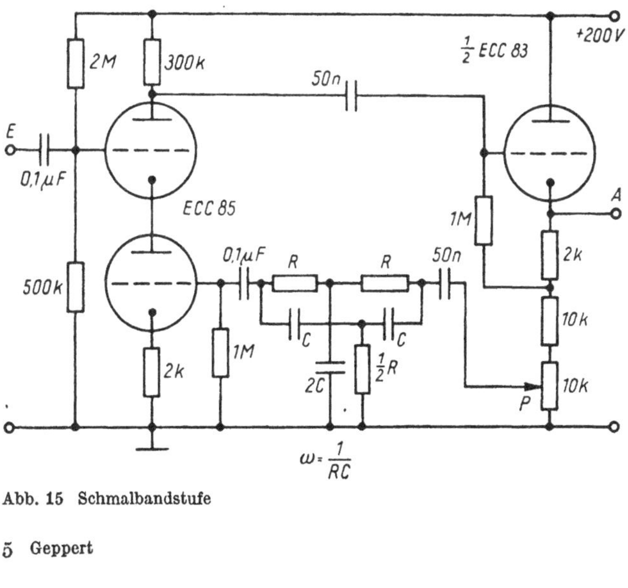

Abb. 15 Schmalbandstufe

sitzen. Die am Eingang liegende Spannung ist bereits so hoch, daß der Verstärker das Rauschen des Detektors nicht wesentlich vergrößert. Die meist angewendeten Frequenzen von 50 bis 1000 Hz gestatten einen einfacheren Bau der Verstärkerstufen als bei den sehr niedrigen Frequenzen von etwa 10 Hz, bei denen große Koppelkondensatoren erforderlich sind. Bei Frequenzen von 500 bis 1000 Hz tritt die Netzfrequenz nicht mehr störend in Erscheinung.

3.5.2. Demodulation

Die Ausführung der Demodulationsstufe richtet sich nach der Art des verwendeten Photometersystems. Der einfachste Fall liegt beim Einstrahlgerät vor. Die verstärkte Wechselspannung ist hier lediglich gleichzurichten. Die so erhaltene Gleichspannung ist ein Maß für die Strahlenintensität und kann mittels eines Schreibers registriert werden. Im Prinzip wäre eine gewöhnliche Diodengleichrichtung ausreichend, doch wird diese bei empfindlichen Verstärkern mit niedrigen Eingangssignalen nicht benutzt, da sie erhebliche Nachteile aufweist. Die kleinen Eingangsspannungen sind meist von gleicher Größenordnung wie das Rauschen oder nur wenig größer. Bei Änderung der Verstärkung wird die Rauschspannung am Ausgang mit geändert, so daß sich das Nullpotential verschiebt, was eine Kompensation erforderlich macht. Außerdem ist die Linearität der Diodengleichrichtung bei kleinen Amplituden nicht mehr gewahrt, da die Diodenkennlinien am Anfang gekrümmt sind. Röhrendioden haben außerdem noch einen Anlaufstrom, der mit Änderung der Katodentemperatur schwankt und zusätzliche Nullpunktverschiebungen verursachen kann. Halbleiterdioden sind in dieser Beziehung günstiger.

Bei Zweistrahlgeräten mit optischem Nullabgleich kommt eine weitere Forderung hinzu, die von Diodengleichrichtern nicht ohne weiteres erfüllbar ist, die phasenempfindliche Gleichrichtung. Der Strahlabschwächer muß von einem Servomotor stets so verschoben werden, daß das vom Detektor gelieferte Wechselspannungssignal verschwindet. Je nachdem ob gerade der Meßstrahl oder der Vergleichsstrahl die größere Intensität besitzt, hat sich der Motor in der einen oder anderen Richtung zu drehen. Der phasenempfindliche Gleichrichter ist nun in der Lage, eine Ausgangsspannung unterschiedlicher Polarität zu erzeugen, je nachdem ob die Eingangswechselspannung gegenüber einer Bezugsspannung gleicher Frequenz gleich- oder gegenphasig ist. Die phasenempfindliche Gleichrichtung hat noch weitere Vorzüge, da z. B. Störspannungen gleicher Frequenz, aber mit 90° Phasenverschiebung, sowie alle geradzahligen Harmonischen nicht gleichgerichtet werden, während die ungeradzahligen Harmonischen nur geringe, mit zunehmender Ordnung kleiner werdende Beiträge zum Gleichspannungssignal liefern.

Abb. 16 zeigt zwei Schaltungsbeispiele für phasenempfindliche Gleichrichter. Am einfachsten und dabei auch für niedrigste Eingangsspannungen geeignet (größenordnungsmäßig 1 μV) ist der mechanische Kontaktgleichrichter. Die bewegliche Kontaktzunge kann z. B. von einem Nocken auf der Antriebswelle des Sektorspiegels im Photometerteil gesteuert werden. In dem Moment des Nulldurchganges der sinusförmigen Ausgangsspannung wird diese umgepolt und je nach Phasenlage entweder die negative Halbwelle nach oben oder die positive nach unten geklappt. Eleganter ist die Verwendung eines polarisierten Relais, dessen Erregerspule von einer mit der Lichtwechselfrequenz synchronen Spannung gesteuert wird. Trotz der Einfachheit bevorzugt man meist Schaltungen ohne mechanische Kontakte, um die durch Kontaktabnutzung und Dejustierung verursachten Fehler zu vermeiden. Die Zahl der erprobten Schaltungen ist sehr groß [38], doch einige wenige Typen haben sich besonders bewährt, wie z. B. der Ringdemodulator. In all diesen Fällen erfolgt die Gleichrichtung durch Überlagerung der Signalspannung mit der Bezugsspannung gleicher Frequenz, wobei die Bezugsspannung höher gewählt wird als die Signalspannung. Auf die Theorie soll hier nicht näher eingegangen werden, doch ist der Vergleich mit dem aus der Rundfunkempfangstechnik be-

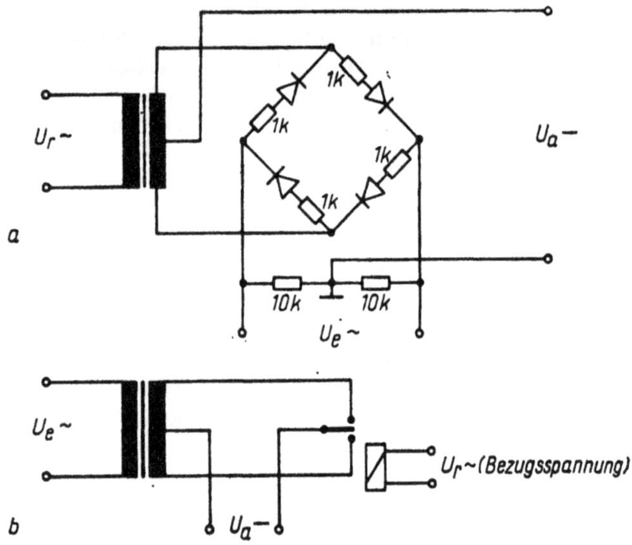

Abb. 16 Phasenempfindlicher Gleichrichter:
a) Ringdemodulator, b) Zerhacker-Demodulator

kannten Prinzip interessant. Während dort durch Überlagerung zweier erheblich verschiedener Frequenzen als Differenz die Zwischenfrequenz gebildet wird, erhält man hier durch Überlagerung zweier gleicher Frequenzen die Zwischenfrequenz 0, also eine Gleichspannung.

Durch Nachschaltung eines RC-Gliedes hinter der Gleichrichterstufe läßt sich die Bandbreite des Verstärkers fast beliebig verkleinern. Meist lassen sich verschieden große Kondensatoren einschalten, so daß eine Wahl der geeignetsten Zeitkonstante möglich ist. Die Grenzfrequenz des RC-Gliedes ist $\omega_g = 2\pi f_g = \frac{1}{RC}$. Sehr große Zeitkonstanten, d. h. sehr niedrige Grenzfrequenzen, verursachen sehr träges Ansprechen des Verstärkers, was sehr langsame Registriergeschwindigkeiten erfordert.

Die Demodulationssysteme der Zweistrahlgeräte mit elektrischer Verhältnisbildung und einem einzigen Empfänger sind erheblich komplizierter. Besonders günstig sind die Bedingungen, wenn mit zwei erheblich voneinander verschiedenen Frequenzen gearbeitet wird, was bei UV- und NIR-Spektralphotometern infolge der kleinen Zeitkonstante der Empfänger leicht möglich ist. In diesem Falle wird die gesamte von der Lichtquelle ausgehende Strahlung mit einer hohen Frequenz unterbrochen (wie in Einstrahlgeräten), und der Wechsel zwischen Meß- und Vergleichsstrahl mit einer niedrigeren Frequenz vollzogen. In der Praxis liegen die Frequenzen bei 500 bis 1000 Hz bzw. 10 bis 30 Hz. Die Trennung der Signale von Meß- bzw. Vergleichsstrahl kann dann mechanisch durch Kontakte oder auch elektronisch erfolgen. Die Gleichrichtung der hohen Frequenzen wird häufig mit Dioden vorgenommen, doch bei besonders leistungsfähigen Geräten wird auch hier eine phasenempfindliche Gleichrichtung angewandt. Ein Beispiel für den Signalverlauf bringt Abb. 17. Sind die beiden Frequenzen von ähnlicher Größe, wie es bei Geräten mit thermischen Strahlungsempfängern infolge deren großer Zeitkonstante unumgänglich ist, treten größere Schwierigkeiten auf.

Die Vor- und Nachteile einer größeren Anzahl möglicher Systeme wurden von Golay [39] untersucht, vor allem der Rauschfaktor in bezug auf das Zweistrahlsystem mit optischem Nullabgleich. Der Rauschfaktor des letztgenannten Systems ist gleich dem des wechsellichtbetriebenen Einstrahlgerätes, während er bei einem gleichlichtbetriebenen Einstrahlgerät etwa halb so groß ist, weil dort nicht wie bei Wechsellicht die Hälfte der Strahlungsenergie verlorengeht. Erwähnenswert sind die Systeme von HORNIG [40] (Frequenzen f und $2f$) sowie das Phasendiskriminationssystem von SAVITZKY und HALFORD [41]. Beide werden in Infrarot-Spektralphotometern praktisch verwendet, doch konnten sie die einfacheren und offenbar betriebssichereren Geräte mit optischem Nullabgleich nicht verdrängen.

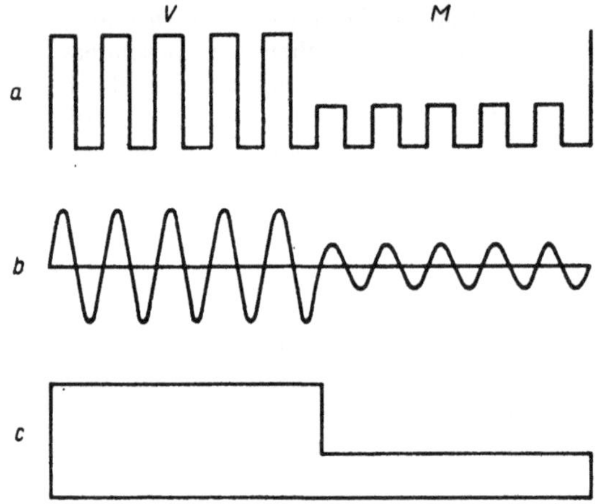

Abb. 17 Signalverlauf bei Zweistrahlgeräten mit elektrischer Verhältnisbildung: a) optisches Signal von Vergleichsstrahl V und Meßstrahl M, b) elektrisches Signal vor und c) nach der Gleichrichtung

3.5.3. *Registriereinrichtungen*

Bei Einstrahlgeräten kann man einen handelsüblichen Kompensationsbandschreiber oder auch einen geeigneten Galvanometerschreiber anschließen. Meist ist die Registriervorrichtung im Spektralphotometer eingebaut, da der Papiervorschub mit dem Wellenzahlvorschub gekuppelt ist. Beim Kompensationsbandschreiber wird das vom Demodulator erhaltene Gleichspannungsignal mit einer festen Gleichspannung verglichen, die an einem Präzisionspotentiometer abgegriffen wird. Die Stellung des von einem Servomotor angetriebenen Potentiometerschleifers ist ein Maß für die Eingangsspannung und wird mechanisch auf die Schreibfeder und Skalenanzeige übertragen. Die Schaltung eines derartigen Potentiometer-

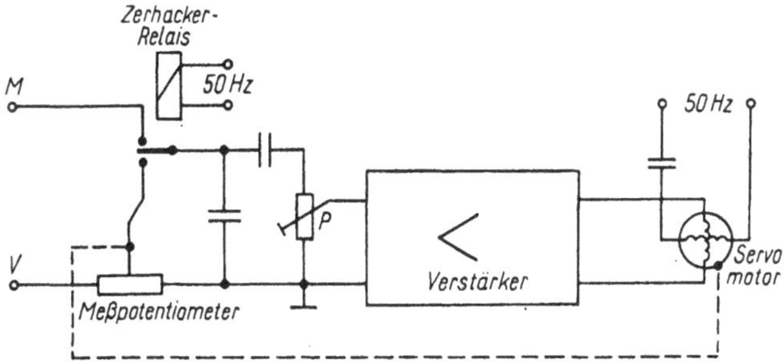

Abb. 18 Potentiometerschreiber (Schema)

schreibers zeigt Abb. 18. Die Anzeigegenauigkeit hängt von folgenden Faktoren ab:

1. Linearität des Meßpotentiometers,
2. Auflösungsvermögen des Meßpotentiometers,
3. Abgleichempfindlichkeit des Verstärkers und Servomotors,
4. Konstanz der Vergleichsspannung.

Linearität und Auflösungsvermögen hochwertiger Potentiometer erreichen $\pm$ 0,1 %, ebenso die Konstanz der Vergleichsspannung. Die Abgleichempfindlichkeit, d. h. Reproduzierbarkeit der Einstellung, kann mit 0,2 bis 0,5% angenommen werden. Da die Schwankungen des vom Spektralphotometer gelieferten Signals meist den Wert von $\pm$ 0,5 % erreichen, oft auch überschreiten, ist der Beitrag des Schreibers zum Fehler als gering zu betrachten.

Bei Zweistrahlgeräten mit optischem Nullabgleich ist die Registriervorrichtung besonders einfach, da ja bereits ein Abgleich für den im Vergleichsstrahl befindlichen Strahlabschwächer vorhanden ist, dessen Stellung jeweils ein Maß für die Durchlässigkeit der Substanz ist. So bedarf es hier lediglich eines mechanischen Übertragungsgliedes zwischen Strahlabschwächer und Schreibfeder. Die Meßgenauigkeit hängt lediglich von der Exaktheit des Strahlabschwächers und der Einstellgenauigkeit (Reproduzierbarkeit) ab.

Bei allen Zweistrahlgeräten mit elektrischer Verhältnisbildung, unabhängig davon, ob sie mit einem oder zwei Detektoren ausgerüstet sind, erfolgt die Registrierung nach dem Prinzip des Potentiometerschreibers. In jedem Falle liegen die Signale von Meßstrahl und Vergleichsstrahl in getrennter Form vor. Das Vergleichsstrahlsignal wird dann an das Meßpotentiometer angelegt, so daß die Stellung des Schleifers das Verhältnis von Meßstrahl- zu Vergleichsstrahlsignal anzeigt. Der Servoverstärker, der als Eingang das Ungleichgewichtssignal zwischen Potentiometerschleifer und Meßstrahlsignal erhält, liefert die Spannung für einen Servomotor, der den Schleifer so lange verschiebt, bis die Differenzspannung am Eingang verschwindet. Alle vorher erwähnten Servoverstärker brauchen infolge des (elektrischen oder optischen) Nullabgleichprinzips nicht unbedingt linear zu arbeiten; lediglich eine ausreichende Empfindlichkeit, Stabilität und geeignete Zeitkonstante sind erforderlich.

In ungünstigen Fällen, bei zu hoher Verstärkung oder zu großer Zeitkonstante kann es vorkommen, daß sich der geschlossene Regelkreis zu Eigenschwingungen erregt, deren Periodendauer sich mit zunehmender Zeitkonstante und abnehmender Verstärkung vergrößert. Auch bei richtig eingestellter Zeitkonstante kann bei falscher Verstärkungswahl eine fehlerhafte Registrierkurve gewonnen werden. Die günstigste Einstellung findet man leicht durch Registrierung einer Sprungfunktion. Abb. 19 zeigt die richtige Einstellung (kritische Dämpfung) sowie falsche

Einstellungen (unter- und überkritische Dämpfung). Eine leicht überkritische Einstellung ist meist günstig, da bei der Registrierung von Spektren kaum der Fall einer Sprungfunktion auftritt und bei etwas geringerer Energie auch noch brauchbare Kurven geschrieben werden.

Die in Abb. 19 dargestellten Kurven sind mit derselben Registriergeschwindigkeit aufgenommen. Bei langsameren Geschwindigkeiten wird sich bei kritischer Dämpfung nicht viel ändern, bei schnellerem Registrieren hingegen wird der volle Ausschlag zu spät erreicht, so daß die

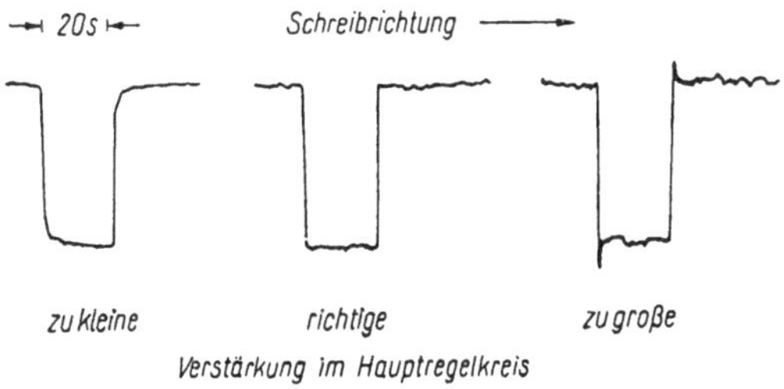

Abb. 19 Sprungfunktion [99]

Flankensteilheit abnimmt. Beim Registrieren von Spektralbanden ist die schnellstmögliche Registriergeschwindigkeit dann erreicht, wenn eine Verlangsamung zu keiner weiteren Änderung der Bandenform führt. Selbstverständlich bestimmt die schmalste und steilste Bande die Registriergeschwindigkeit.

Als Servomotoren verwendet man meist Zweiphasen-Umkehrmotoren mit zwei um 90° gegeneinander versetzten Wicklungen. An die eine, die Erregerwicklung, wird eine konstante Wechselspannung, meist 110 V angelegt, an die Steuerwicklung eine kleinere bis ebenso große Spannung aus dem Servoverstärker mit 90° Phasenverschiebung. Je nachdem, ob die Steuerspannung in ihrer Phase der Erregerspannung voraus- oder nacheilt, dreht sich der Motor in der einen oder anderen Richtung.

Innerhalb eines bestimmten Bereichs der Erregerspannung ist die Drehzahl der Höhe der anliegenden Spannung proportional. Gute Servomotoren sollen bereits bei möglichst niedriger Spannung anlaufen und zur Änderung der Drehrichtung nur einer kleinen Spannung bedürfen. Das Trägheitsmoment des Ankers muß hinreichend klein sein, damit der Motor bei plötzlichem Rückgang der Erregerspannung auf Null oder Übergang zur entgegengesetzten Phasenlage möglichst schnell anhält. Ein besonders geringes Trägheitsmoment haben die Ferrarismotoren, da ihr Anker lediglich aus einem dünnen Aluminiumbecher besteht, der durch Wirbelströme in Umdrehung versetzt wird.

Die dynamischen Eigenschaften eines Servosystems lassen sich durch geeignete Gegenkopplungsmaßnahmen verbessern. Manche Servomotoren sind mit einem Tacho-Generator gekuppelt, der eine der Drehzahl proportionale Spannung mit von der Drehrichtung abhängiger Phasenlage abgibt. Durch Rückführung eines Teils dieser Spannung in den Servoverstärker wird eine Gegenspannung am Ausgang erzeugt, die den Motor bereits nach geringem Überschreiten der exakten Abgleichstellung äußerst schnell zum Stehen bringt. Auf diese Weise lassen sich Servosysteme mit sehr hoher Abgleichgeschwindigkeit erzielen, bis 0,1 Sekunden für Vollausschlag. Auch ohne Tacho-Generator ist eine Rückführung der Ausgangsspannung möglich, da auch der Motor selbst bei Überschreiten der Gleichgewichtslage wie ein Tacho-Generator wirkt. Allerdings wird durch diese Rückführung die Verstärkung herabgesetzt, doch sind die gewonnenen Vorteile sehr deutlich erkennbar, da das Überschwingen des Servosystems fast völlig beseitigt werden kann, wenn auch nicht so starke Gegenkopplung wie mit Tacho-Generator erreichbar ist. Es gibt auch Gleichstrom-Servomotoren mit und ohne Tacho-Generator. Schaltungsmäßig sind sie einfacher zu handhaben, da z. B. bei der Rückführung nicht auf Phasenlage, sondern lediglich auf richtige Polung zu achten ist, doch erfordert der notwendige

Kollektor eine Wartung und kann durch Funkenbildung zu Störungen Anlaß geben.

Nach der äußeren Ausführungsart der Registriereinrichtungen unterscheidet man zwischen Bandschreibern, Trommelschreibern und Pultschreibern. Die Bandschreiber lassen sich für Serienaufnahmen gut verwenden, jedoch ist ein genaues Übereinanderschreiben mehrerer Spektren nicht möglich, während man beim Trommel- und Pultschreiber viele Spektren evtl. in verschiedenen Farben übereinander registrieren kann. Außerdem ist bei ihnen auch die Kupplung zwischen Abszissenvorschub und Wellenzahlantrieb einfacher durchführbar. Der Pultschreiber hat gegenüber dem Trommelschreiber den Vorteil, daß bereits während der Registrierung das gesamte Diagramm sichtbar ist.

4. Spektralphotometer mit Zubehör

Die Einteilung der Geräte erfolgt zweckmäßig nach dem Wellenlängenbereich, da sich durch die Notwendigkeit der Verwendung verschiedener Strahlungsquellen und Empfänger bedeutende Unterschiede ergeben. An erster Stelle sollen die für die Molekülspektroskopie wichtigsten Apparaturen für das mittlere Infrarot (2,5 bis 50 μm Wellenlänge) beschrieben werden, während die Behandlung des fernen IR nur kurz erfolgt. Das nahe Infrarot (NIR) wird gerätemäßig meist zugleich mit dem sichtbaren und UV-Bereich erfaßt, während das Vakuumultraviolett wieder eine Ausnahme bildet und als Randgebiet in der Molekülspektroskopie weniger häufig angewendet wird. Die Lumineszenzspektroskopie schließt sich der UV-Spektroskopie an. Die Raman-Spektroskopie nimmt infolge ihrer besonderen experimentellen Technik und den dabei auftretenden Schwierigkeiten eine Sonderstellung ein.

4.1. Geräte für den infraroten Bereich

4.1.1. Lichtquellen

Als Lichtquellen für den IR-Bereich kommen nur glühende feste Körper in Frage. Die Energieverteilung eines schwarzen Strahlers verläuft nach dem Strahlungsgesetz von PLANCK:

$$E_\lambda d\lambda = \frac{hc^2}{\lambda^5} \cdot \frac{1}{e^{\frac{hc}{kT\lambda}} - 1} d\lambda .$$

Die Gesamtenergie ist nach dem STEFAN-BOLTZMANNschen Gesetz der vierten Potenz der Temperatur proportional. Das Strahlungsmaximum verschiebt sich nach dem WIENschen Verschiebungsgesetz mit zunehmender Temperatur nach kürzeren Wellenlängen.

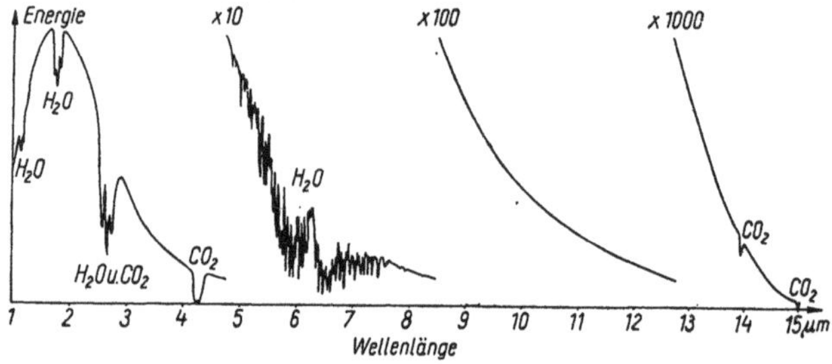

Abb. 20 Energiekurve eines Strahlers im Infrarot [99]

Abb. 20 zeigt die Emissionskurve eines Strahlers im Infrarot. Man sieht daraus, daß das Energiemaximum bei kurzen Wellenlängen in der Gegend von 1 bis 2 μm liegt, während die Abnahme zum langwelligen Ende des Bereichs (15 μm) mehr als vier Zehnerpotenzen beträgt, was apparativ große Schwierigkeiten bereitet, da bei den längeren Wellen schon ein recht kleiner Streulichtanteil der intensiven kurzwelligen Strahlung mit der dort vorhandenen Strahlungsenergie vergleichbar wird, so daß besondere Maßnahmen zur Beseitigung oder zumindest Abschwächung der kurzwelligen Streustrahlung getroffen werden müssen. Der Idealfall wäre natürlich eine monochromatische Strahlungsquelle, wie sie z. B. in der Mikrowellenspektroskopie sowie bei den Rundfunkwellen realisierbar ist. In der Praxis lassen sich jedoch nur Strahler verwenden, die dem schwarzen Körper nahekommen, oder in bestimmten Wellenlängenbereichen schwächer strahlen, wie z. B. der Auer-Glühstrumpf, der infolge seiner Selektivität (Unterdrückung der kurzwelligen Strahlung) besonders für das ferne IR geeignet ist.

Die beiden wichtigsten Strahler im mittleren IR sind der Nernststift und der Silitstab (Globar). Der Nernststift ist ein etwa 20 bis 30 mm langes und 1 bis 3 mm dickes Stäbchen oder Röhrchen aus Oxyden der seltenen Erden (Zirkon und Yttrium), in das an den Enden zwei Platindrahtzuleitungen eingebettet sind. Da das Material erst bei etwa 800 °C eine ausreichende Leitfähigkeit erlangt, um bei Anlegen einer Spannung von etwa 100 V von selbst weiterzuglühen, muß ein elektrischer Heizkörper vorgesehen werden. Die Betriebstemperatur beträgt maximal 1900 °C, die Stromstärke bis etwa 1 A. Da die Widerstandscharakteristik fallend ist, macht sich ein ausreichender Vorwiderstand erforderlich, an dem mindestens die Hälfte der Brennspannung abfallen soll. Zum Zünden werden zwei zu beiden Seiten dicht neben dem Nernststift angebrachte, auf Keramik gewickelte Heizwendeln zum Glühen gebracht. Nach etwa 1 Minute hat der Nernststift die Zündtemperatur erreicht. Da das Material sehr zerbrechlich ist und sich außerdem beim Zünden stark ausdehnt, muß die Halterung eine Längenänderung von 3 bis 4 mm gewährleisten, andernfalls sich der Stift verbiegt und bricht. Verbiegung tritt auch dann ein, wenn die Wärmeverteilung beim Anheizen stark unsymmetrisch ist. Die Lebensdauer liegt zwischen wenigen Wochen und etwa einem Jahr bei täglichem Betrieb. Häufiges Zünden führt zu rascherer Abnutzung. Nach mehrmonatigem Betrieb entstehen meist Unterbrechungen durch Verdampfen der Platinzuleitungen. Da die aufgenommene Leistung des Nernststifts meist nur um 50 W beträgt, kann in vielen Fällen auf ein wassergekühltes Gehäuse verzichtet werden. Infolge der relativ hohen Temperatur ist das Verhältnis von kurzwelliger zu langwelliger Strahlung recht ungünstig. Oberhalb

25 μm lassen sich Nernststifte nicht mehr einsetzen. Es wurde vorgeschlagen, in diesem Falle den Stift mit einem Stück eines Auer-Glühstrumpfes zu umgeben.

Der Silitstab ist bedeutend größer und robuster; die Dicke beträgt etwa 4 bis 6 mm an der glühenden Länge von etwa 40 bis 60 mm, die Enden sind dicker und mit einem Metallbelag versehen. Das Material (Siliziumkarbid) ist bereits bei Raumtemperatur leitend, so daß keine besonderen Zündgeräte erforderlich sind. Die Widerstandscharakteristik ist nicht einheitlich, aber steigend, so daß eine Transformatorspannung direkt angelegt werden kann (etwa 30 V, 15 A). Die hohe Leistungsaufnahme (300 bis 500 W) macht eine Wasserkühlung oder intensive Luftkühlung des Gehäuses notwendig. Die maximale Temperatur beträgt nur etwa 1300 °C. Nach längerem Betrieb sinkt die Strahlungsleistung infolge innerer Veränderung des Materials. Die Flächenhelligkeit weist an verschiedenen Stellen stärkere Unterschiede auf als beim Nernststift. Die allgemeine Energieverteilung ist wegen der niedrigeren Temperatur für das IR günstiger als beim Nernststift.

In den letzten Jahren hat es nicht an Versuchen gefehlt, billigere und leichter zu betreibende Strahler zu entwickeln. In einfacheren Geräten wird z. B. eine gewöhnliche Chrom-Nickel-Wendel benutzt. Mit Edelmetall beschichtete Keramikröhrchen bzw. in Keramik eingebettete Spiralen werden auch mit Erfolg eingesetzt, doch ist ihre Leistung geringer als die der beiden vorgenannten Strahlertypen. Eine intensive Strahlungsquelle kleiner Dimension ist die Zirkon-Punktlichtlampe [42], die bei Mikroproben verwendbar ist.

4.1.2. Einstrahl-Spektralphotometer

Mit Einstrahl-IR-Spektralphotometern gewinnt man normalerweise Energiekurven. Um die Durchlässigkeitswerte zu erhalten, ist eine Registrierung mit und ohne

Untersuchungssubstanz nacheinander und nachherige Verhältnisbildung erforderlich. Da sich die Energie der Strahlungsquelle mit der Wellenlänge sehr stark ändert, muß die Spaltbreite öfters nachgestellt werden, damit bei konstanter Verstärkung gearbeitet werden kann. Daß die Intensität des Strahlers sich während der Messung nicht ändern darf, ist selbstverständlich.

Um von der mühevollen und zeitraubenden Auswertearbeit der zwei Kurven bei Einstrahlgeräten befreit zu werden, wurden Verfahren eingeführt, die auch bei dieser Geräteart direkt Durchlässigkeitsspektren liefern. Im wesentlichen lassen sich zwei Methoden anwenden. Bei beiden erfolgt eine Steuerung der Spaltbreite in der Weise, daß die Energiekurve beim vollen Skalenausschlag verläuft, ähnlich der 100%-Linie des Zweistrahlgeräts. Am einfachsten, wenn auch mit begrenzter Genauigkeit, erzielt man dies durch vorbestimmte mechanische oder elektrische Spaltprogramme. An den Stellen atmosphärischer Absorption treten dann im Spektrum erhebliche Abweichungen von der 100%-Linie auf, während sonst der Fehler unter etwa 5% gehalten werden kann. Das Spaltprogramm gilt selbstverständlich nur für eine ganz bestimmte Strahlertemperatur. Genauere Werte erhält man mit dem sogenannten Gedächtnis-System. Hierbei wird zunächst bei einer bestimmten vorgewählten Strahlertemperatur die Energiekurve aufgenommen und auf Magnetband gespeichert. Bei der nachfolgenden Registrierung erfolgt dann die Steuerung der Spalte in der Weise, daß die bei jeder Wellenlänge durchgelassene Energie einem Ausschlag von 100 Skalenteilen entspricht. Diese Methode erscheint zwar recht brauchbar, doch ist der elektronische Aufwand ziemlich groß, so daß ein einfaches Zweistrahlgerät in vielen Fällen vorzuziehen ist. Manchmal allerdings, z. B. bei Untersuchung von Mikroproben mit einem Spiegelmikroskop, dürfte dem Einstrahlgerät der Vorzug zu geben sein. Außerdem lassen sich mit Einstrahlgeräten oft genauere Durchlässigkeitswerte gewinnen als mit Zweistrahlgeräten mit optischem

Nullabgleich, da die Fehler des Strahlabschwächers wegfallen. Lediglich ein linearer und konstanter Verstärker ist erforderlich.

4.1.3. Zweistrahlgeräte mit optischem Nullabgleich

Eines der bekanntesten Geräte dieses Typs ist das IR-Spektralphotometer Modell 21 der Firma Perkin-Elmer Corp. [24]. Ein nach dem gleichen Prinzip arbeitendes einfacheres Gerät wurde vom Verfasser beschrieben [43]. Die von einem Nernststift ausgehende Strahlung wird durch zwei Hohlspiegel in zwei parallele Wege aufgespalten (Abb. 21). Durch zwei Öffnungen treten die

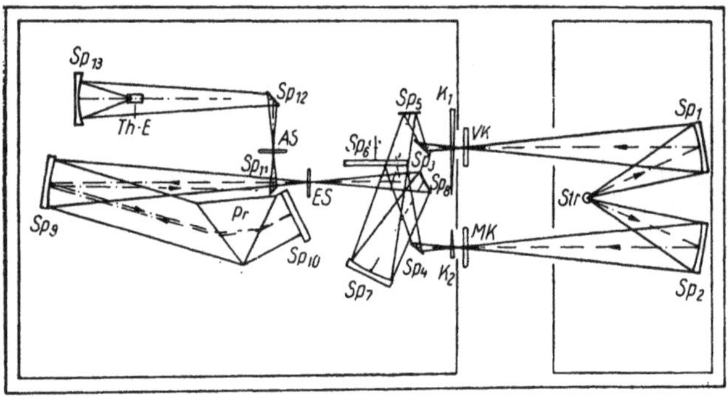

Abb. 21 Strahlengang des Infrarot-Spektralphotometers IR–2 [43]

Strahlen aus dem kleinen (Strahler-)Gehäuse aus. Zwischen kleinem und großem Gehäuse ist genügend Raum zum Anbringen von Küvetten. An den beiden Eintrittsfenstern zum großen Gehäuse befinden sich Zwischenabbildungen des Strahlers. An dem vorderen Fenster wird die Meßküvette, hinten die Vergleichsküvette angeordnet. Im Photometerteil wird durch einen mit 11 Umdrehungen/Sek. rotierenden Halbspiegel abwechselnd die

Strahlung vom Meßstrahl bzw. vom Vergleichsstrahl auf den Eintrittsspalt des LITTROW-Monochromators mit NaCl-Prisma gelenkt. Der Eintrittsspalt ist gekrümmt, damit sein Bild auf dem Austrittsspalt gerade erscheint. Die Krümmung ist für etwa 3 μm Wellenlänge berechnet, da hier mit engen Spaltbreiten gearbeitet wird und sich die Fehler durch Spaltkrümmung stärker auswirken als bei größeren Wellenlängen, wo Spaltöffnungen von einigen Zehntel bis zu 2 mm verwendet werden. Die aus dem Austrittsspalt tretende monochromatische Strahlung wird um 90° abgelenkt und fällt auf einen Hohlspiegel, der den Austrittsspalt in sechsfacher Verkleinerung auf der Auffangfläche eines Strahlungsthermoelements (Typ VTh 1, VEB Carl Zeiss, Jena) abbildet. Beim Auftreten von Absorptionen im Meßstrahl wird dieser geschwächt, und durch den rotierenden Halbspiegel wird abwechselnd mehr oder weniger Energie auf den Eintrittsspalt und damit auch auf das Thermoelement gelenkt. Dort entsteht eine Wechselspannung, die in einem Vorverstärker weiter verstärkt und dann phasenempfindlich gleichgerichtet wird. Der nachfolgende Servoverstärker betreibt einen Ferrarismotor, der im Vergleichstrahlengang eine Kammblende so weit verschiebt, bis die Intensitäten beider Strahlengänge wieder gleich sind. Dann erhält das Thermoelement Gleichlicht, und die entstehende Gleichspannung wird von dem Wechselspannungsverstärker nicht verstärkt. Die Stellung der Kammblende wird mechanisch durch Seilantrieb auf die Schreibfeder übertragen, die somit direkt die Durchlässigkeit der Substanz in Prozent anzeigt. Die Registriertrommel wird von einem Motor über ein in mehreren Stufen einstellbares Getriebe angetrieben, so daß sich verschiedene Registriergeschwindigkeiten wählen lassen (zwischen etwa 8 Minuten und mehreren Stunden pro Trommeldrehung). Vom gleichen Motor über das gleiche Wechselgetriebe wird eine Schablone angetrieben, die den Wellenlängenvorschub durch Drehung des LITTROW-Spiegels mittels eines Hebels vornimmt. Die Steigung der Spirale ist so berechnet, daß die

Dispersionskurve des NaCl-Prismas linearisiert wird, so daß die Abszissenteilung auf dem Registrierpapier linear in Wellenlängen (2 bis 15 μm) erfolgt. Der Registriermaßstab läßt sich durch ein weiteres Getriebe an der Trommel spreizen. Die Abgleichgeschwindigkeit ist durch ein Wechselgetriebe zwischen Ferraris-Motor und Kammblende grob wählbar. Eine Feineinstellung in Stufen erfolgt durch Betätigung einer Wirbelstrombremse am Ferraris-Motor. Außerdem läßt sich die Zeitkonstante des Verstärkers in mehreren Stufen verändern. So kann bei jeder Registriergeschwindigkeit die optimale Zeitkonstante und Abgleichgeschwindigkeit eingestellt werden. Die Spaltbreite wird durch mehrere Programme, die sich durch konstante Faktoren in der aufrechterhaltenen Energie im Vergleichsstrahl unterscheiden, stets so geregelt, daß bei dem jeweils gewählten Spaltprogramm die Energie im Vergleichsstrahl konstant bleibt. Der Nullverstärker arbeitet nur dann optimal, wenn innerhalb eines Programms die Änderungen in der Energie den Faktor 2 nicht überschreiten. Jedes Spaltprogramm (und damit Auflösungsvermögen) benötigt folglich einen ganz bestimmten Verstärkungsgrad. Zwischen Registriergeschwindigkeit, Auflösungsvermögen und Signal-Rausch-Verhältnis besteht folgender Zusammenhang:

$$\textit{Signal-Rausch-Verhältnis} \sim (\textit{Spaltbreite})^2 \cdot \sqrt{\textit{Abgleichzeit}}.$$

Es geht also daraus klar hervor, daß hochaufgelöste Spektren mit großem Signal-Rausch-Verhältnis nur durch entsprechend lange Registrierzeiten erhalten werden können.

Die meisten IR-Zweistrahlgeräte arbeiten nach dem Prinzip des optischen Nullabgleichs. Eine gewisse Einteilung erhält man nach dem Verwendungszweck. Für Routineuntersuchungen genügt oft ein einfacheres Gerät, das preislich bedeutend niedriger liegt als die umfangreichen und oft komplizierten Forschungsgeräte mit ihren sehr vielseitigen Verwendungsmöglichkeiten. Tab. 2

Tabelle 2 Kommerzielle Infrarot-Spektralphotometer

Modell	Firma	Merkmale
a) einfache Geräte		
Infracord 137 B	Perkin-Elmer (USA)	Z, P*, 2,5 – 15 μm in 3 oder 12 min
„ 137 KBr	„ „	Z, P, 12,5 – 25 μm
„ 237	„ „	Z, G
IR-5, IR-8	Beckmann (USA)	Z, P, 2 – 16 μm in 16 min
IR-6	„	E, P, mit Spaltprogramm
SP 200	UNICAM (England)	Z, P, 5000 – 650 cm^{-1}
b) mittlere Geräte		
Modell 21	Perkin-Elmer (USA)	Z, P, 2 – 15 μm
„ 221	„ „	Z, P + G, 2 – 16 μm
„ 321	„ „	Doppelwegmonochromator nach WALSH
„ 421	„ „	Z, G
„ 12 C	„ „	E, P
„ 12 G	„ „	E, G
„ 112	„ „	E, P, Doppelweg
„ 112 G	„ „	E, G, Doppelweg
IR-4	Beckman (USA)	Z, P, DM
H 800	Hilger (England)	Z, P
IR-Spektr.	Leitz (DBR)	Z, P (besonders großes Prisma)
IKS-12	UdSSR	E, P, 0,75 – 25 μm
IKS-14	„	Z, P 0,75 – 25 μm
c) große Geräte		
UR 10	VEB Carl Zeiss, Jena	Z, P (Lif, NaCl, KBr) Wellenzahl-linear
IR-7	Beckmann (USA)	Z, P + G, DM, 4 Ordnungen, diskontinuierlich
IR-9	„	Z, P + G, DM, kontinuierlich, 4000 – 400 cm^{-1}
125	Perkin-Elmer (USA)	Z, P + G, DM, 2 Gitter in je 2 Ordnungen, kontinuierlich, 4000 – 400 cm^{-1}
SP 100/130	UNICAM (England)	Z, P + G, DM, 2 Prismen, 2 Gitter, evakuierbar
13 U	Perkin-Elmer (USA)	Z, 190 nm bis 50 μm Phasen-diskrim.
KM 1	Baird (USA)	

* E = Einstrahlgerät, Z = Zweistrahlgerät, P = Prismenmonochromator, G = Gittermonochromator, DM = Doppelmonochromator

enthält eine Übersicht über eine Anzahl bekannter kommerzieller Geräte, die jedoch bei weitem keinen Anspruch auf Vollständigkeit erhebt.

Bei der Fülle des Angebots auf dem Weltmarkt ist es an dieser Stelle unmöglich, im einzelnen näher auf bestimmte Geräte einzugehen, doch soll versucht werden, wesentliche und bedeutende Konstruktionsmerkmale hervorzuheben. Die einfacheren Geräte beschränken sich meist auf ein Minimum an Bedienungselementen, wodurch bei der Bedienung durch angelernte Kräfte die Fehlermöglichkeiten herabgesetzt werden. Oft sind nur eine oder zwei Registriergeschwindigkeiten möglich, und der Registriermaßstab ist konstant. Das Prisma ist nicht auswechselbar. Infolge des relativ niedrigen Preises ist es vorteilhafter, ein weiteres Gerät mit einem anderen Wellenlängenbereich (anderes Prisma oder Gitter) anzuschaffen, wie es die Infracord-Serie von Perkin-Elmer bewiesen hat. Die Verwendung vorgedruckten Registrierpapiers bringt Vorteile bei Auswertung und Dokumentation von Serienuntersuchungen.

Bei einer zweiten Gruppe von Geräten wird der Aufwand bedeutend weitergetrieben. Durch Einbau verschiedener Spaltprogramme und in sehr weiten Grenzen wählbarer Registriergeschwindigkeiten lassen sich sowohl Übersichtsspektren in wenigen (2 bis 8) Minuten als auch genauere Spektren von flüssigen und festen Proben für quantitative Messungen oder hochaufgelöste Spektren von Gasen bei langsamen Registriergeschwindigkeiten gewinnen. Oft ist ein Auswechseln der Prismen möglich, wobei Spaltprogramm und Wellenzahlschablone mit ausgetauscht werden müssen. Die Möglichkeit der Aufnahme der Rotationsschwingungsspektren von Gasen bedingt eine Spreizung des Abszissenmaßstabs. Für quantitative Untersuchungen ist oft auch eine Spreizung des Ordinatenmaßstabs von Vorteil, besonders bei Spurenanalysen. In diesem Falle wird die Stellung des Strahlabschwächers nicht durch mechanische Kupplung von der Schreibfeder angezeigt, sondern durch einen weiteren Servoverstärker und Stellmotor übertragen. So läßt sich z. B. beim Modell 221 von Perkin-Elmer eine maximal 20fache Spreizung in mehreren Stufen einstellen. Allerdings ist dabei eine Verschlechterung des Signal-Rausch-Verhältnisses um den gleichen Faktor in Kauf zu nehmen. Bei diesem getrennten Servoantrieb läßt sich auch eine logarithmische Anzeige (Extinktion 0 bis 2) durch Einbau eines mit dem Strahlabschwächer mechanisch gekuppelten logarithmischen Potentiometers erzielen. Allerdings besitzt dann das Signal-Rausch-Verhältnis auch eine logarithmische Charakteristik, während es bei Registrierung in Prozent Durchlässigkeit über die ganze Skala konstant bleibt.

Eine Möglichkeit zur Verkürzung der Registrierdauer ohne Einbuße an Auflösungsvermögen bietet die automatische Regelung der Registriergeschwindigkeit. In den Bereichen, in denen keine Absorptionsbanden auftreten, kann schneller registriert werden. An den Stellen der Banden wird das den Abgleichmotor treibende Signal zum Abbremsen des Registriermotors benutzt, und zwar um so mehr, je weiter die Stellung der Schreibfeder vom richtigen Endwert entfernt ist. So können in der Hälfte oder einem Drittel der Zeit Spektren gleicher Auflösung erhalten werden. Die Einsparung an Registrierzeit ist um so größer, je weniger Banden ein Spektrum enthält. Übertriebene Anwendung dieser Maßnahme führt oft dazu, daß schwache Banden „überfahren“ werden, da der Abbremsmechanismus dann nicht mehr ausreichend arbeitet.

Ein bei allen IR-Spektren mit optischem Nullabgleich auftretender Mangel ist das Fehlen von Energie an Stellen atmosphärischer Absorption oder der Lösungsmittelabsorption, wenn im Vergleichsstrahl das Lösungsmittel eingesetzt wird. Die Energiesteuerung durch das Spaltprogramm wird hier unwirksam. Der Verstärker erhält ein zu schwaches Signal, und der Abgleich wird träge und ungenau. Beim Perkin-Elmer Modell 221 wird dieser Nachteil teilweise beseitigt, indem durch einen schwarzen

Streifen am Sektorspiegel ein Signal der doppelten Lichtwechselfrequenz erzeugt wird, das eine automatische Verstärkungsregelung betätigt. Allerdings wird hierdurch an den Absorptionsstellen beider Strahlen das Signal-Rausch-Verhältnis verschlechtert.

Besondere Bedeutung kommt den Maßnahmen zur Verringerung oder Beseitigung des kurzwelligen Streulichts bei den energieärmeren längeren Wellen zu. Im NaCl-Bereich tritt das Streulicht erst oberhalb 10 μm in Erscheinung, um oberhalb 14 μm Werte bis 10% oder mehr anzunehmen. Eine relativ einfache Maßnahme bietet das Einschalten eines sogenannten Streulichtspiegels. Darunter versteht man einen angerauhten oder mit MgO bedampften Spiegel oder auch ein Beugungsgitter. Während die größeren Wellenlängen normal reflektiert werden, tritt bei kürzeren Wellenlängen ein Energieverlust durch Streuung (diffuse Reflexion) auf. Eine andere Möglichkeit bietet sich durch Einbau eines Vorzerlegers nach dem Reststrahlenprinzip (UR-10, VEB Carl Zeiss, Jena). Z. B. reflektiert eine LiF-Platte vornehmlich die Strahlung der Wellenlängen, die sie auch absorbiert, während die kurzwelligen Strahlen durchgelassen und nur schwach reflektiert werden. Dieser Vorzerleger wird wie ein Spiegel vor dem Eintrittsspalt aufgestellt und kann aus verschiedenen Materialien bestehen, die während der Registrierung automatisch ausgewechselt werden.

Die Genauigkeit der Wellenlängen- bzw. Wellenzahlangabe hängt besonders bei Prismengeräten in hohem Maße von der Temperatur ab. Fast alle Geräte besitzen deshalb eine Thermostatierung, wobei die Temperatur höher als die höchste Zimmertemperatur gehalten wird. Das ist gleichzeitig noch ein Schutz für die hygroskopische Optik. Bisweilen wird die Dispersionsänderung des Prismas auch durch Drehung eines Ablenkspiegels vor dem Austrittsspalt mittels eines geeigneten Bimetallstreifens kompensiert. Letztere Methode wird oft zusätzlich zur Temperaturregelung angewandt, da dann das in unmittelbarer Nähe des Prismas angebrachte Bimetall besser auf noch verbleibende Temperaturunterschiede zwischen Prisma und übrigen Teilen reagiert.

Bei besonderen Forschungsgeräten wird die Universalität durch weitere Zusatzeinrichtungen noch vergrößert. Dazu gehört z. B. die Erweiterung des Wellenzahlbereiches durch automatischen Prismenwechsel. Beim UR-10 (VEB Carl Zeiss, Jena) (Abb. 23) ist ein drehbarer Prismentisch mit LiF-, NaCl- und KBr-Prisma vorhanden. Jedes Prisma arbeitet in seinem optimalen Bereich, der insgesamt von 5000 bis 400 cm^{-1} reicht. An den Umschaltstellen wird die Registrierung abgestoppt, bis der Prismenwechsel vollzogen ist. Ein besonders konstruiertes Schreibwerk ritzt die Wellenzahlteilung unabhängig von der in weiten Bereichen auch während der Registrierung veränderbaren Registriergeschwindigkeit in Wachspapier von 100 mm Breite ein, das als Streifen aus dem Gerät herausläuft. Wellenzahl und Prisma werden aufgedruckt. Fehler, die bei vorgedrucktem Papier durch Schrumpfen oder ungenaues Einlegen entstehen, werden vermieden. Allerdings ist das Übereinanderschreiben mehrerer Spektren nicht möglich, und die Schreibbreite ist für quantitative Auswertung etwas klein. Interessant ist weiterhin, daß der Abgleich nicht durch den üblichen Servomotor, sondern durch ein elektromagnetisches Wendegetriebe (Relag) vorgenommen wird. An dem Prismentisch befindet sich ein Programmwähler, der es gestattet, bei der Registrierung unwichtige Wellenzahlbereiche automatisch zu überspringen. Das ganze Gerät ist an eine Klimaanlage angeschlossen, die getrocknete und von Kohlendioxyd befreite Luft konstanter Temperatur umpumpt. Beim SP 100 (UNICAM, Cambridge, England) ist die gesamte Optik in ein evakuierbares Gehäuse eingebaut. Mit Vorpumpe und Öldiffusionspumpe läßt sich ein Vakuum von 10^{-3} Torr erzeugen, das zur Ausschaltung aller Absorptionen durch eingeschlossene Gase und Dämpfe ausreicht. Auch die beiden Küvettenräume lassen sich jeder für sich evakuieren. Das gesamte Gerät stellt eine Einheit dar und ist auf Rädern fahrbar ausgestattet (Abb. 22, 24). Hohe Auflösung und gute Streulichtfreiheit werden durch einen Prismen-Gitter-Doppelmonochromator erzielt. Bis zu vier Prismen und zwei Gitter lassen sich auf drehbaren Tischen anordnen. Die Umschaltung erfolgt von Hand durch Drücken eines Knopfes. Als Strahlungsempfänger dient eine GOLAY-Zelle. Eine Programmierung des zu registrierenden Wellenzahlbereichs, auch wiederholte Registrierung des gleichen Bereiches, ist möglich. Im KBr-Bereich ist kein Gitter vorgesehen, und das Streulicht wird durch eine Polyäthylenfolie geschwächt.

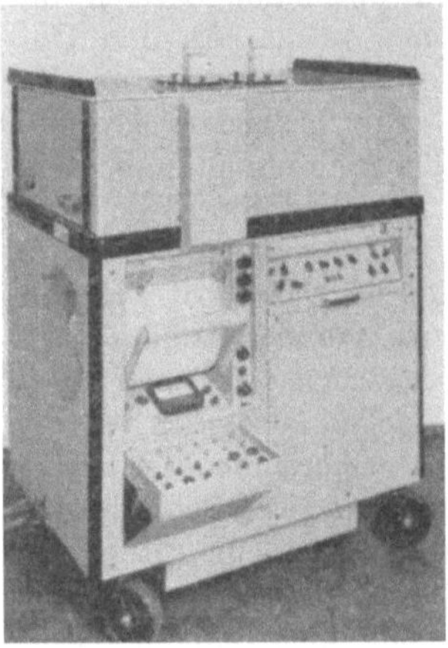

Abb. 22
Infrarot-Spektralphotometer SP 100 (UNICAM Instr.)

Die Modelle IR-7 und IR-9 (Beckman Instr., USA) sowie Modell 125 (Perkin-Elmer) sind ebenfalls Geräte mit Prismen-Gitter-Doppelmonochromator. Während das IR-7 ein Gitter in vier Ordnungen verwendet, die im Spektrum getrennt erscheinen, ist beim IR-9 eine kontinuierliche Darstellung möglich. Beim Modell 125 wird ein KBr-Vorprisma für den Gesamtbereich von 5000 bis 400 cm^{-1} mit zwei Gittern in je zwei Ordnungen verwendet. Die Darstellung ist so, daß die Umschaltstellen im Spektrum nicht sichtbar sind. Mit den letztgenannten Geräten wird auf diesem Gebiet das z. Z. höchstmögliche Auflösungsvermögen erzielt.

Abb. 25 bis 27 zeigen den Strahlengang weiterer kommerzieller Geräte.

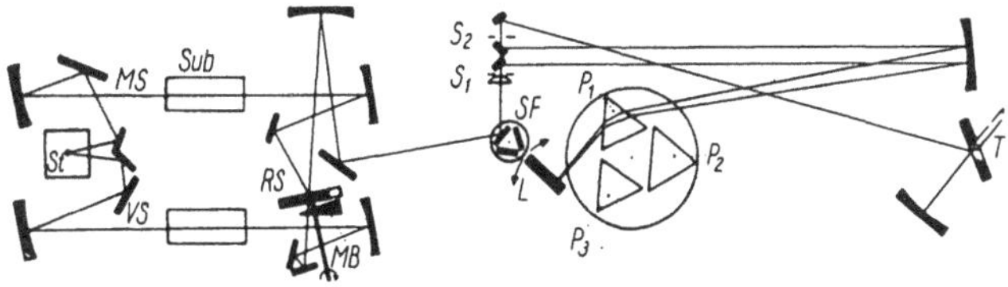

Abb. 23 Strahlengang des UR 10 (VEB Carl Zeiss, Jena)

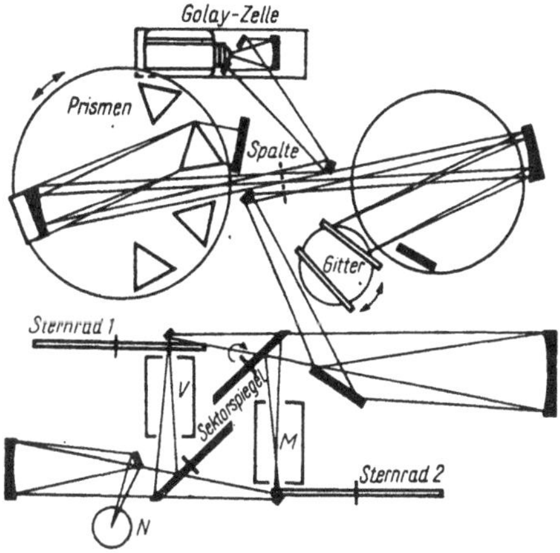

Abb. 24 Strahlengang des UNICAM SP 100/SP 130

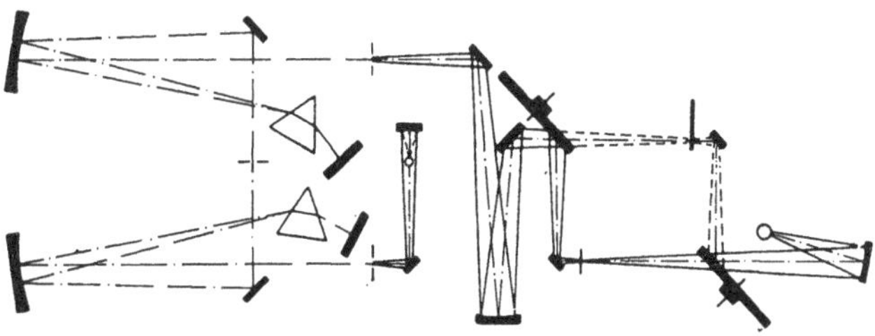

Abb. 25 Strahlengang des IR-4 (Beckman Instr.)

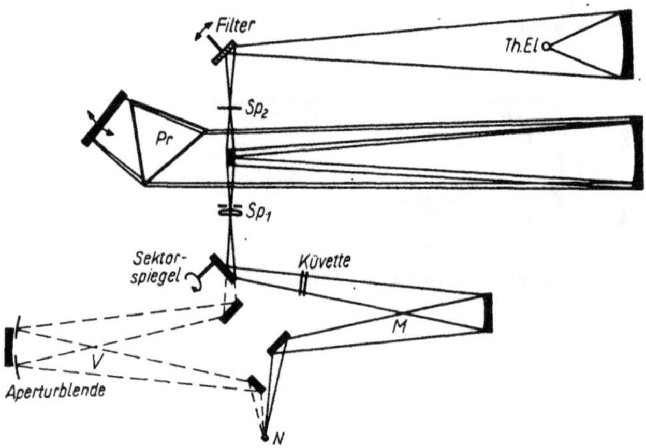

Abb. 26 Strahlengang des LEITZ-Infrarot-Spektrometers

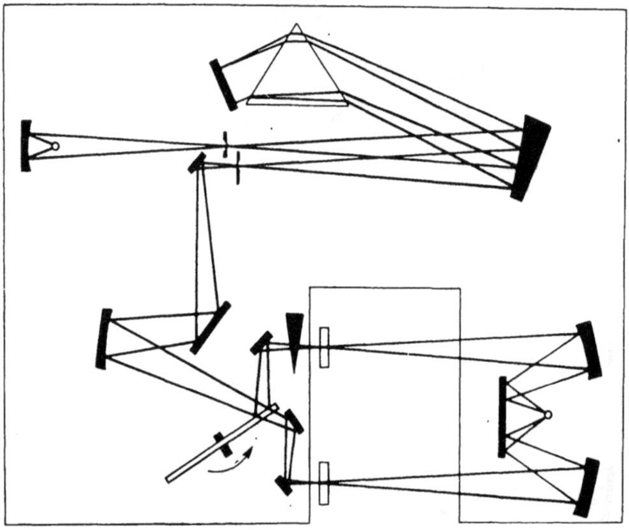

Abb. 27 Strahlengang des Infracord 137 (Perkin-Elmer Corp.)

4.1.4. Zweistrahlgeräte mit elektrischer Verhältnisbildung

Obwohl dieser Gerätetyp gegenüber den Spektralphotometern mit optischem Nullabgleich nicht zu unterschätzende Vorteile besitzt, hat er sich unter den kommerziellen Geräten kaum eingeführt. Eine Ausnahme bildet z. B. das Modell 113 U (Perkin-Elmer), ein großes Forschungsgerät universeller Anwendung mit sehr weitem Frequenzbereich. Es arbeitet nach dem Phasendiskriminationssystem [41], hat aber im Vergleich zu den in 4.1.3. beschriebenen Geräten keine große Verbreitung gefunden. Die Signale von Meßstrahl und Vergleichsstrahl haben gegeneinander eine Phasenverschiebung von 90°, und die beiden Strahlen nehmen nicht den gleichen Verlauf im Monochromator.

Alle in diese Kategorie fallenden Geräte haben den Vorteil, daß infolge der Trennung der Signale von Meßstrahl bzw. Vergleichsstrahl eine automatische Steuerung der Spalte auf konstante Energie im Vergleichsstrahl möglich ist. Hierdurch wird auch der Energieverlust durch Absorption des Lösungsmittels im Vergleichsstrahl kompensiert, allerdings aber dabei durch größere Spaltöffnung das Auflösungsvermögen verringert. Durch Wegfall des Strahlabschwächers werden dessen Fehler vermieden, da die elektrische Verhältnisbildung an sich genauer ist. Allerdings wird dieser Vorteil infolge von Abgleich- und Justierungsschwierigkeiten nicht immer voll genutzt.

Im Zweistrahlgerät IR-3 des Verfassers [44] wurde der Versuch unternommen, durch Wahl zweier erheblich verschiedener Modulationsfrequenzen (3 bzw. 18 Hz) [45] und Benutzung des gleichen Wegs im Monochromator für beide Strahlengänge die Vorteile der elektrischen Verhältnisbildung zu verwenden, ohne die Nachteile des verschiedenen Strahlenganges im Monochromator in Kauf nehmen zu müssen. Die Verwendung mehrerer Prismen (drehbarer Tisch für 3 Prismen) ohne notwendigen Wechsel des Spaltprogramms ist möglich. Außerdem wurde die Möglichkeit der Anwendung des Doppelwegprinzips [22], das sich bei Einstrahlgeräten bewährt hat, untersucht. An dieser Stelle muß noch eine weitere Möglichkeit der Streulichtbeseitigung genannt werden, die bei Einstrahlgeräten und Zweistrahlgeräten mit elektrischer Verhältnisbildung anwendbar ist. Bei den genannten Gerätetypen ist eine optische Unterbrechung des Strahlenganges (Wechsellichtprinzip) erforderlich. Wenn man nun bei den Wellenlängen, bei denen störendes kurzwelliges Streulicht in Erscheinung tritt, die Unterbrechung nicht mit einem völlig undurchsichtigen Material (Metall) vornimmt, sondern mit einem für die Streustrahlung durchlässigen Stoff (z. B. SiO_2, LiF, CaF_2, je nach Bereich), dann wird nur das langwellige Licht moduliert, während die kurzwellige Strahlung als Gleichlicht auf dem Empfänger erscheint und nicht mit verstärkt wird. Bei den meisten Zweistrahlgeräten, auch vielen Geräten mit optischem Nullabgleich, ist auch Einstrahlbetrieb möglich, was besonders bei Verwendung von Spiegelmikroskopen, aber auch zur Aufnahme der Energiekurve von Strahlern von Vorteil ist.

4.1.5. Geräte für das ferne Infrarot

Im fernen IR (Wellenlängenbereich über 50 μm bis zu den Mikrowellen) beschränkt sich die Untersuchungsmöglichkeit im wesentlichen auf gasförmige Substanzen, da die dort auftretenden Rotationsspektren sich in den kondensierten Phasen infolge Fehlens freier Drehbarkeit kaum beobachten lassen. Im Gebiet bis etwa 50 μm findet man auch noch Rotationsschwingungsspektren. Hier lassen sich die oben beschriebenen Geräte noch verwenden, wenn sie mit einer für den Bereich durchlässigen Optik ausgerüstet sind, z. B. KRS-5, CsBr, CsJ. Über 50 μm bleiben nur noch Gittergeräte einsetzbar, und für manche Fälle auch die Reststrahlenmethode nach Rubens. Da die Absorption des atmosphärischen Wasserdampfes stören würde, setzt man die ganze Optik ins Vakuum. Durchlässige Fenstermaterialien gibt es nicht, sie sind auch nicht erforderlich, da ja nur Gase untersucht werden und dabei das ganze Gerät als Küvette dient. Infolge der äußerst schwachen Energien bei den langen Wellen sind sehr große Aperturen erforderlich, so z. B. Gitter mit mehreren dm^2 Fläche, und ebensolche Spiegel. Der thermische Strahlungsempfänger (Thermoelement oder Bolometer) muß im offenen Gehäuse ohne Fenster in die evakuierbare Apparatur eingebaut werden. Als Lichtquelle dienen meist Quecksilberdampflampen, die im fernen IR ein kontinuierliches Spektrum liefern. Die kurzwellige Streustrahlung, die infolge der äußerst ungünstigen Energieverhältnisse sehr stören würde, läßt sich durch Verwendung von Quarzlinsen beseitigen, da Quarz für kurzwellige Strahlung einen sehr verschiedenen Brechungsindex hat als für lange Wellen, wodurch eine gute Ausblendungsmöglichkeit gegeben ist.

In diesem Zusammenhang sei auch noch auf nach interferometrischen Verfahren arbeitende Spektrometer hingewiesen, mit denen sich eine hohe Lichtstärke erzielen läßt. JACQUINOT [46] hat über zwei Methoden berichtet, bei denen die Auswertung entweder durch Amplituden- oder Frequenzmodulation vorgenommen wird.

4.1.6. Nichtdispersive IR-Geräte

In der Gasanalyse wird die IR-Absorption zur kontinuierlichen Messung und Registrierung der Konzentration eines bestimmten Gases in einem Gemisch verwendet. Dabei ist eine spektrale Zerlegung der Strahlung nicht unbedingt erforderlich, obwohl es auch Geräte gibt, die einen auf feste Wellenlänge eingestellten Monochromator enthalten, oder bei denen sich das Intensitätsverhältnis bei zwei wählbaren Wellenlängen registrieren läßt, wie beim Bichromator-Analyzer [47]. Die nichtdispersiven Geräte lassen sich in solche mit positiver und negativer

Filterung einteilen. Zu ersteren gehört der bekannte URAS (Ultrarot-Absorptions-Schreiber) [48]. Als Strahler dienen Chromnickel-Wendeln. Eine der zwei rohrförmigen Küvetten wird von dem zu analysierenden Gas durchströmt, während die andere mit Vergleichsgas gefüllt ist. Der Empfänger besitzt eine selektive Empfindlichkeit für das zu messende Gas. Er besteht aus zwei Kammern, die durch einen Membrankondensator getrennt sind. Das Licht wird periodisch (etwa mit 6,25 Hz) gleichzeitig in beiden Strahlen unterbrochen. In den Empfängerkammern befindet sich Gas der zu analysierenden Komponente. Werden nun in der Meßküvette gerade die Wellenlängen geschwächt, die das Gas im Empfänger zu absorbieren vermag, dann findet eine rhythmische Druckänderung in der einen Kammer statt, die die Membran deformiert und eine Kapazitätsänderung hervorruft. Dieses Signal wird einem empfindlichen Resonanzverstärker zugeleitet und dann registriert. Zum Ausgleich statischer Druckunterschiede befindet sich ein enger Kanal zwischen den beiden Kammern.

Bei Anwesenheit mehrerer Gase können an manchen Stellen des Spektrums Überlappungen der Absorptionsbanden auftreten, die zu Meßfehlern Anlaß geben würden. In diesem Falle werden in beiden Strahlengängen Filterkammern angebracht, die mit den Störkomponenten gefüllt werden und alle für die Überlappung in Frage kommenden Wellenlängen durch Absorption entfernen, wodurch die Selektivität erhöht wird. In neuerer Zeit ist von Luft auch ein Verfahren beschrieben worden, bei dem nur ein einziger Strahlengang für Meß- und Vergleichsküvetten verwendet wird.

Beim oben beschriebenen Verfahren gehen Änderungen in der Empfindlichkeit des Empfängers (Ermüden der Membran) und Verstärkungsschwankungen in das Meßergebnis ein. Deshalb hat man auch hier das Prinzip des optischen Nullabgleichs angewandt. Beim Tri-non-analyzer [49] wird in dem einen von drei Strahlen ein rotierender Strahlabschwächer durch einen Servomotor eingeschwenkt, bis das Signal des selektiven Empfängers verschwindet. Die Stellung des Strahlabschwächers (Ringkeil) wird registriert.

Die Geräte mit negativer Filterung besitzen nichtselektive Empfänger, die den Gesamtintensitätsverlust durch Absorption zu bestimmen gestatten. Auch hier werden Überschneidungen durch Filterkammern eliminiert, doch ist die Selektivität bedeutend geringer als bei den Geräten mit positiver Filterung. Ihr Aufbau ist aber viel einfacher und ihr Einsatz in gewissen Fällen gerechtfertigt. Bei allen Gasanalysatoren ist zu berücksichtigen, daß die Absorption der Zahl der Moleküle im Strahlengang proportional ist, daß also Temperatur und Druck in das Meßergebnis mit eingehen und daher konstantgehalten werden müssen.

4.2. Zubehör zu den Infrarot-Spektralphotometern

Je nach Art der Substanz und der vorliegenden Fragestellung werden verschiedene Untersuchungsmethoden angewandt, zu deren Durchführung besondere Küvetten und Zusatzeinrichtungen erforderlich sind. Bereits der Aggregatzustand der Probe bedingt große Unterschiede im Bau der Küvetten, während bei Reflexions- und Polarisationsuntersuchungen noch weitere Abweichungen von der normalen Technik auftreten (vgl. auch [78]).

4.2.1. Küvetten für Flüssigkeiten bei Zimmertemperatur

Die gewöhnlichen Flüssigkeitsküvetten können fest oder zerlegbar gebaut sein. Sie bestehen aus zwei Scheiben aus IR-durchlässigem Material, meist NaCl oder KBr, die durch einen Distanzring bestimmter Dicke in genau parallelem Abstand gehalten werden (Abb. 28). Die erforderlichen Schichtdicken liegen zwischen etwa 25 und 100 μm. Werte darunter lassen sich schlecht reproduzierbar herstellen, während größere Schichtdicken meist nur bei Messungen in Lösung Verwendung finden. Bei Festküvetten besteht der Distanzring meist aus amalgamierter Bleifolie. Zum Amalgamieren wird die gewalzte und ausgestanzte Bleifolie in ein Schälchen mit verdünnter Essigsäure gelegt, auf dessen Boden sich ein Quecksilbertropfen befindet. Bei Berührung mit dem Quecksilber geht die Amalgambildung schnell und gleichmäßig vonstatten. Die beiden Fenster mit dem Distanzring werden durch eine Metallfassung zusammengepreßt, wobei die vier Schrauben gleichmäßig über Kreuz angezogen werden, da sonst leicht Spannungen und evtl. Bruch auftreten.

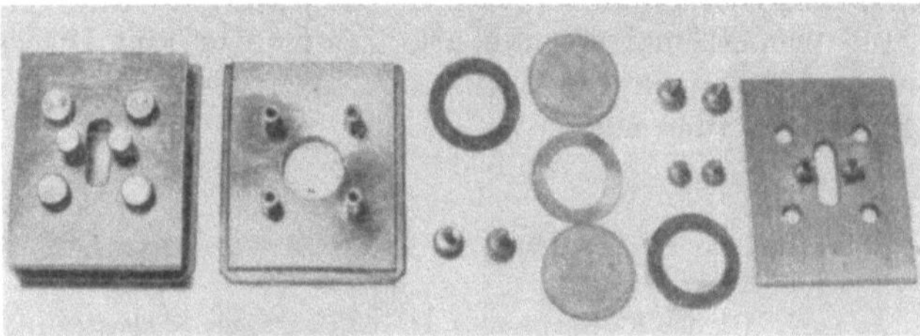

Abb. 28 Flüssigkeits-Küvette für den IR-Bereich

Das eine Fenster erhält zwei Bohrungen, die in den freien Innenraum führen. Durch verschließbare Füllstutzen in der Fassung erfolgt das Einbringen der Substanz mittels einer Injektionsspritze. Bei den zerlegbaren Küvetten ist der Zwischenring nicht amalgamiert; er kann auch aus Gold, Aluminium oder Teflon bestehen. Niedrigviskose und leicht flüchtige Substanzen erfordern gut abgedichtete Küvetten. Meist ist nicht das Verdunsten die Hauptursache für eine selbsttätige Entleerung der Küvette während der Messung, sondern die an undichten Stellen auftretenden Kapillarkräfte ziehen die Flüssigkeit aus dem Innenraum, besonders bei zerlegbaren Küvetten. Festküvetten lassen sich schlechter reinigen und kommen für manche Substanzen deshalb nicht in Frage. Bei quantitativen Messungen ist zu beachten, daß sich besonders bei zerlegbaren Küvetten keine reproduzierbare Schichtdicke erzielen läßt; doch auch bei Festküvetten treten nach längerem Gebrauch durch Angriff der hygroskopischen Fenstermaterialien Änderungen auf. Die Messung der Schichtdicke erfolgt durch Beobachtung der Interferenzen, die man beim Registrieren mit der leeren Küvette erhält [1]. Häufig nachpolierte Fenster oder keilförmige Distanzringe verursachen Abweichungen von der Parallelität, die zu einer Verringerung der Höhe der Interferenzmaxima führen, bis schließlich keine definierte Schichtdicke mehr bestimmt werden kann.

Oft sind nur geringste Flüssigkeitsmengen einer Substanz vorhanden, die zum Füllen einer gewöhnlichen Küvette nicht ausreichen. Dabei ist das Volumen in dem optisch wirkenden Teil sehr klein im Verhältnis zur Füllmenge, weil sich im Füllstutzen zuviel Flüssigkeit befindet. In diesem Falle ist eine Konstruktion von Vorteil, bei der der Füllstutzen keine Flüssigkeit enthält. Das eine Fenster ist mit einer Nut versehen. Die Injektionsnadel wird bis zum Mittelteil herangebracht, in dem sich die Flüssigkeit durch die Kapillarwirkung von selbst festhält. Auf diese Weise geht der Substanzbedarf auf etwa 10 mg herab. Eine weitere Verringerung ist nur durch Verkleinerung des Querschnitts möglich und macht einen Mikroilluminator erforderlich. Die Substanz läßt sich aus den Küvetten selbstverständlich unverändert zurückgewinnen.

4.2.2. Gasküvetten

Die Gasküvetten unterscheiden sich von den Flüssigkeitsküvetten durch ihre größere Schichtdicke, die entsprechend der um den Faktor 10^3 geringeren Dichte der Gase zwischen 1 cm und vielen Metern liegt. Da der für die Küvetten im Spektralphotometer vorgesehene Raum, von einigen Ausnahmen abgesehen, nur etwas über 10 cm beträgt, ist bei größeren Schichtdicken eine andere Konstruktion erforderlich. Die normalen Gasküvetten mit Schichtdicken von 1 bis 10 cm bestehen aus einem zylindrischen Rohr aus Glas oder korrosionsbeständigem Metall, das an beiden Seiten durch KBr-Fenster abgeschlossen ist. Das Rohr besitzt einen oder zwei Füllstutzen, die sich durch Hähne verschließen lassen. Zum Füllen kann das Gas hindurchgeleitet werden, bis die

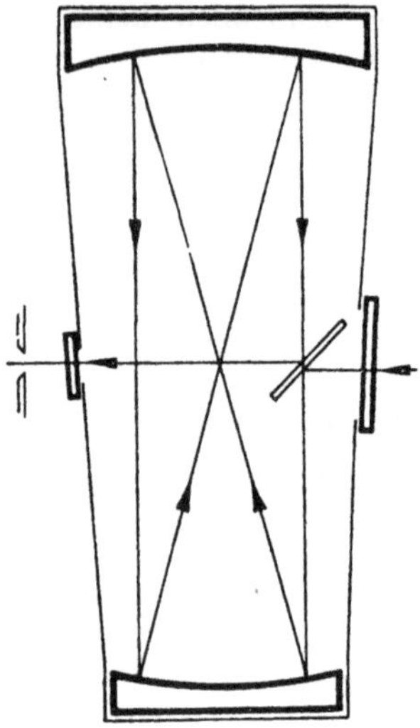

Abb. 29
Strahlengang der Perkin-Elmer-Langweg-Gasküvette

Luft herausgespült ist, oder besser wird die Küvette vorher evakuiert, und man läßt das Gas einströmen. So kann man auch den gewünschten Partialdruck einstellen. Beim Evakuieren ist darauf zu achten, daß durch die dabei auftretende Abkühlung der Taupunkt erreicht werden kann, so daß ein Beschlagen der Innenseiten der Fenster eintreten könnte. Durch etwas erhöhte Temperatur und langsames Evakuieren läßt sich diese Beschädigung der Fenster vermeiden. Für kleine Gasproben haben die Gasküvetten eine eckige konische Form, die dem jeweiligen Strahlquerschnitt angepaßt ist.

Bei Weglängen über 10 cm wird ein gegebenes Volumen mehrfach durchstrahlt. Die hierfür in die Küvette eingebaute Optik hat zu bewirken, daß der Strahl die Küvette in gleicher Weise verläßt, in der er ohne Küvette verlaufen würde (Abb. 29). Meist läßt sich durch Verstellen der Lage zweier Hohlspiegel die Zahl der Reflexionen verändern. Eine zu große Zahl von Reflexionen führt infolge der dabei auftretenden Verluste zu einer starken Intensitätsabnahme. Die Spiegel werden wegen der Korrosionsbeständigkeit meist mit Gold belegt. Langwegküvetten werden meist für 1 m bzw. 10 m Weglänge gebaut, doch sind auch beträchtlich größere Weglängen verwendet worden, wenn es sich um Spurenuntersuchungen handelt.

Bei manchen Gasküvetten ist auch eine Heizungsmöglichkeit vorgesehen, so daß sich in ihnen Flüssigkeiten verdampfen lassen. Während jede Gasküvette vakuumdicht sein sollte, werden für Messungen unter hohem Druck besondere Konstruktionen vorgesehen.

4.2.3. Besondere Flüssigkeitsküvetten

Bei quantitativen Untersuchungen ist oft eine genaue Kompensation des Lösungsmittels durch Variieren der Schichtdicke der Vergleichsküvette von Nutzen. Bei Küvetten variabler Schichtdicke (Abb. 30) läßt sich der Abstand meist bis 5 mm an einer Mikrometerschraube ablesen. Derartige Küvetten sind sehr empfindlich gegenüber Verunreinigungen und liegen hoch im Preis. Eine einfachere Möglichkeit zur Kompensation der Lösungsmittelabsorption bieten keilförmige Küvetten. Sie bestehen aus zwei rechteckigen KBr-Platten, die mit einem keilförmigen Zwischenstück verkittet sind. Durch Längsverschiebung in einem Führungsrahmen lassen sich Schichtdicken von kleinen Werten bis etwa 2 mm herstellen.

Zum Arbeiten mit kleinen Substanzmengen eignen sich auch besonders gut aus einem Alkalihalogenidblock gefertigte Zellen (cavity-cells, Connecticut Instrument Corp., USA). Die Höhlung von rechteckigem Querschnitt wird mittels des Ultraschall-Bohrverfahrens [50] hergestellt, was allerdings bei Schichtdicken unterhalb 0,1 mm

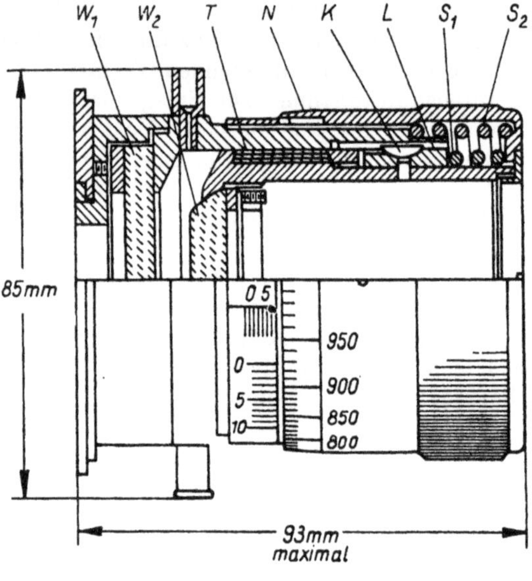

Abb. 30 Küvette variabler Schichtdicke (Perkin-Elmer Corp.)

schwierig durchführbar ist. Zur Untersuchung kleinster Flüssigkeitsmengen ist auch vorgeschlagen worden, eine runde Bohrung von weniger als 1 mm Durchmesser in einem Steinsalzblock zu verwenden, wobei sich allerdings keine definierte Schichtdicke angeben läßt.

Die Notwendigkeit zur Herstellung von Mikroküvetten wurde durch die Gaschromatographie verstärkt. Unbekannte Fraktionen sollen mittels IR-Spektroskopie identifiziert werden. Die verfügbaren Mengen betragen kaum mehr als 1 μl. Folglich ist eine Übertragung der Probe mittels Kapillare in die Küvette kaum möglich. Die Substanz wird direkt in der Küvette gesammelt. Bei Beginn des Erscheinens der betreffenden Substanz im Chromatogramm wird der Gasstrom hinter der Säule in eine gekühlte Mikroküvette (cavity cell) geleitet und dort die Substanz ausgefroren. Zum Schutz der Küvette vor Beschlagen mit Wasser ist sie luftdicht in einem Metallgefäß untergebracht, in dessen Innern sich noch ein Trockenmittel befindet. Um die in der Öffnung der Küvette kondensierte Probe auf den Boden zu bringen, wird sie zentrifugiert. Nach Temperierung bis über Zimmertemperatur kann die Küvette aus dem Schutzmantel herausgenommen werden.

Für Untersuchungen bei höheren Temperaturen wird die Flüssigkeitsküvette mit einem Heizmantel umgeben, z. B. mit einem elektrisch beheizten Rohrstück. Die tatsächliche Temperatur der Probe wird mit einem zwischen die Fenster eingeführten Thermoelement bestimmt. Für Messungen bei genau definierter Temperatur hat sich auch die Flüssigkeitstemperierung mittels Thermostat bewährt. Hierfür sind in die Fassung der Küvette Kanäle eingearbeitet. Bei höheren Temperaturen muß die Küvette gegen das Spektrometergehäuse thermisch isoliert werden, am besten durch eine Asbestschicht. Es empfiehlt sich ferner, im Vergleichsstrahl eine auf gleicher Temperatur befindliche Küvette anzubringen, da die Temperaturstrahlung sonst zu fehlerhaften Durchlässigkeitsangaben führt. Für manche Untersuchungen eignen sich auch waagerechte Küvetten sehr gut.

Das Arbeiten bei sehr tiefen Temperaturen erfordert einen höheren Aufwand. Die Küvette ist in einem Dewar-Gefäß untergebracht und an einem Kupferstab befestigt, der in die Kühlflüssigkeit hineinragt. Damit die Fenster nicht beschlagen, sind Doppelfenster erforderlich, wobei der Zwischenraum mit Trockenmittel versehen und die äußeren Fenster womöglich durch Heizdrähte auf etwas höherer Temperatur gehalten werden.

4.2.4. Mikroilluminatoren

Zur Untersuchung von Proben kleinster Abmessungen, z. B. Fasern oder Einkristallen, verwendet man Spiegelmikroskope (Abb. 31) [51]. Da meist eine gleichmäßige Ausleuchtung des Monochromators nicht mehr gewährleistet ist, werden Spiegelmikroskope oft in Einstrahl-

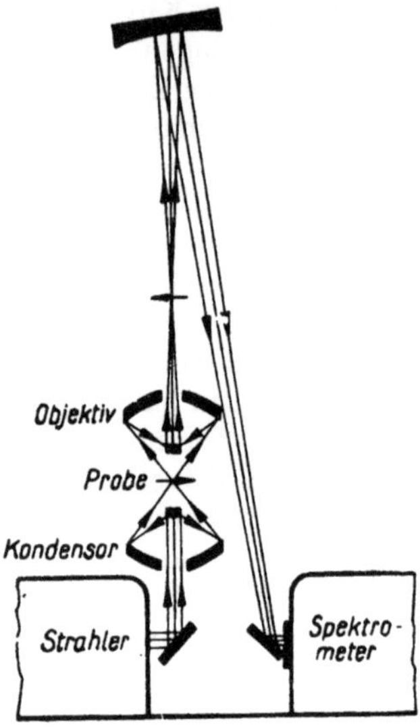

Abb. 31
Spiegelmikroskop [51]

geräten eingesetzt, doch wurden auch Anordnungen beschrieben, bei denen sich bei Zweistrahlgeräten in jedem Strahl ein Spiegelmikroskop befindet.

Zur Aufnahme der Spektren kleinster flüssiger oder fester Proben ist eine etwa fünf- bis sechsfache Verkleinerung des Strahlquerschnitts am Ort der Küvette ausreichend, was sich mit den sogenannten Mikroilluminatoren erreichen läßt. Nach dem Bauprinzip unterscheidet man zwei Arten, je nachdem ob eine Linsenoptik oder eine Spiegeloptik verwendet wird. In beiden hat die Optik die gleiche Aufgabe, den Strahlverlauf nach Verlassen des Illuminators so fortzusetzen, wie er ohne Illuminator verlaufen würde. Der Aufbau ist mit Linsen einfacher und billiger, doch stört die Inkonstanz der Brennweite bei verschiedenen Wellenlängen und die Empfindlichkeit der Alkalihalogenidlinsen. Bei der Spiegeloptik ist der Strahlengang länger, außerdem müssen asphärische Spiegel verwendet werden (Abb. 32). In

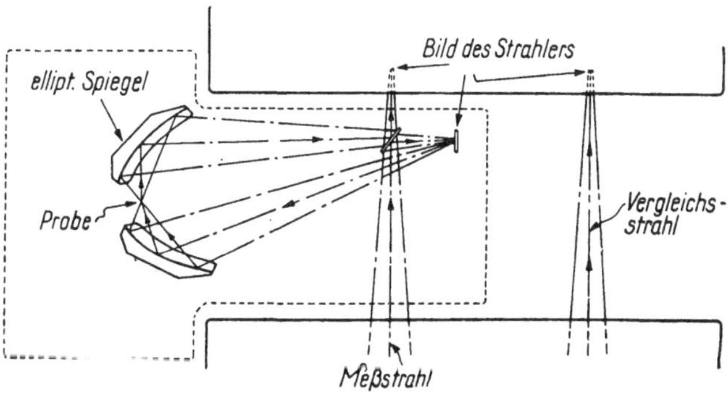

Abb. 32 Strahlkondensor (nach MASON, Perkin-Elmer Corp.)

beiden Fällen ist eine genaue Justierung der Mikroküvette und des Strahlengangs erforderlich. Der Intensitätsverlust läßt sich durch einen gleichen Mikroilluminator im Vergleichsstrahl kompensieren. In vielen Fällen genügt zur Kompensation auch eine Schwächung des Vergleichsstrahls mit einem Drahtgitter geeigneter Durchlässigkeit, die sich durch Neigung des Gitters noch innerhalb gewisser Grenzen variieren läßt.

4.2.5. Verarbeitung fester Proben

Soweit sich aus festen Substanzen Filme in beliebiger Dicke herstellen lassen, können sie entweder freitragend (in einen Papprahmen gespannt) oder auf einem NaCl-

oder KBr-Fenster aufgegossen verwendet werden. Letzteres gilt auch für dickflüssige Substanzen, die gegebenenfalls zwischen zwei zusammengepreßten Fenstern untersucht werden. Pulverförmige Substanzen werden fein gemahlen und in Paraffinöl (Nujol) eingebettet. Die störenden Paraffinbanden lassen sich eliminieren, indem ein weiteres Spektrum aufgenommen wird, bei dem das Paraffinöl durch ein fluoriertes Öl ersetzt wird, das seine Banden bei anderen Wellenlängen hat.

Am häufigsten wird die KBr-Preßtechnik angewandt. Die Substanz wird im geeigneten Verhältnis mit Kaliumbromid vermischt und in einer Schwingmühle feinst gemahlen. Hiernach wird sie in einer evakuierbaren Preßform mit einem Druck von etwa 7,5 bis 10 t pro cm^2 zu einer mehr oder weniger durchsichtigen Tablette verpreßt [52]. Die Preßform besteht aus gehärtetem nichtrostendem Stahl. Die Stempelflächen sind plangeschliffen und geläppt. Bei einem Tablettendurchmesser von 15 mm (abhängig von der Größe des Strahlquerschnitts) werden ca. 1 mm dicke Preßlinge bei einem Druck von 15 t hergestellt. Hierfür sind 0,5 g KBr erforderlich. Der Substanzbedarf liegt im Normalfall bei 2 bis 5 mg. Bei schlechtem Vakuum wird beim Pressen Luft mit eingeschlossen. Die Tablette ist zwar unmittelbar nach dem Herausnehmen aus der Form oft klar, wird aber rasch trübe. Derartige Tabletten zeigen bei kurzen Wellenlängen einen starken Abfall der 100%-Linie infolge diffuser Streuung. Der gleiche Effekt tritt bei schlechtvermahlenen Proben bei zu großem Korndurchmesser auf, oder wenn sich der Brechungsindex der Substanz von dem des KBr stark unterscheidet. In manchen Fällen läßt sich durch Gefriertrocknung (Lyophilisierung) [53] eine bessere Vermischung erzielen.

Auch andere Stoffe außer KBr eignen sich zur Herstellung von Preßlingen, z. B. NaCl, KCl, AgCl, AgJ. Der Preßdruck ist von der Substanz abhängig, die bei einem bestimmten Druck zum Fließen kommt und in einen glasartigen Zustand übergeht. Es wurde vorgeschlagen, gepreßte Tabletten als Küvettenfenster zu verwenden, doch da es sich nicht um einen kristallinen Zustand handelt, ist die Haltbarkeit gering. Die Tabletten werden auch ohne zugemischten Stoff trübe. Zur Kompensation der Reflexionsverluste wird meist eine Leertablette im Vergleichsstrahl angeordnet.

Zum Pressen wird gewöhnlich eine hydraulische Presse verwendet, die zur Druckablesung ein Manometer besitzt. Für die Mikrotechnik werden Tabletten von wenigen mm Durchmesser oder mit länglichem Querschnitt hergestellt. Die notwendigen Preßformen sind klein und einfach, der erforderliche Druck relativ gering. Der Substanzbedarf liegt bei einigen μg.

4.2.6. Reflexionsmessungen

Bei Reflexionsuntersuchungen unterscheidet man zwischen gerichteter und diffuser Reflexion. Bei der gerichteten (Spiegel-)Reflexion wird der Meßstrahl an der zu untersuchenden Probe unter verschiedenen Winkeln gespiegelt (Abb. 33). Die diffuse Reflexion ist vom Einfallswinkel unabhängig. Die bei ihr auftretenden Verluste

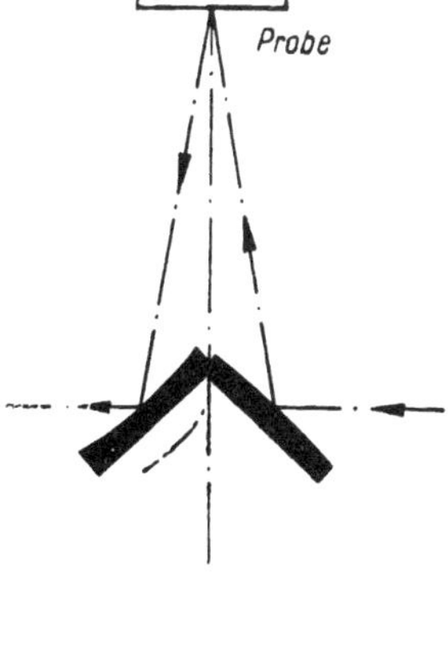

Abb. 33
Reflexionszusatz
(Perkin-Elmer Corp.)

sind sehr erheblich, so daß das Verfahren wenig Anwendung findet, zumal sich durch die oben beschriebenen Methoden bessere Ergebnisse erzielen lassen.

Von größerer Bedeutung ist jedoch eine Methode, die erstmalig 1959 von FAHRENFORT [54] beschrieben wurde und als abgeschwächte Totalreflexion (ATR = attenuated total reflection) bezeichnet wird. Sie eignet sich besonders zur Untersuchung von Stoffen, aus denen sich keine brauchbaren dünnen Filme oder Preßlinge herstellen lassen, also Kunststoffolien größerer Dicke, Pasten, Klebstoffe usw. Das Prinzip beruht auf der Tatsache, daß bei Reflexion der Strahlung an der Innenfläche eines Kristalls in der Nähe des Grenzwinkels der Totalreflexion die reflektierte Energie stark von der an der Außenseite der reflektierenden Fläche befindlichen Substanz abhängt. Man erhält Spektren, die den gewöhnlichen Absorptionsspektren sehr ähnlich sind.

Die Anordnung ist in Abb. 34 schematisch dargestellt. Das Material für das totalreflektierende Prisma muß einen genügend hohen Brechungsindex besitzen (höher als alle zu untersuchenden Substanzen). Man verwendet entweder KRS–5 oder AgCl, wobei AgCl wegen der Lichtempfindlichkeit weniger geeignet ist. Die Probe wird an die totalreflektierende Fläche angepreßt oder aufgestrichen (bei Pasten). An den Stellen im Spektrum, an denen Absorption eintritt, nimmt auch die Dispersion einen anomalen Verlauf. Der Grenzwinkel der Total-

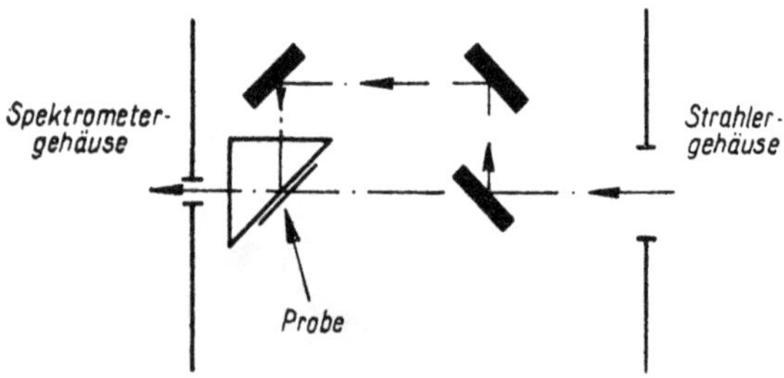

Abb. 34 Zusatz für Messung der abgeschwächten Totalreflexion (ATR)

reflexion wird dabei verändert, so daß die Strahlung durch die Trennungsfläche mehr oder weniger hindurchtritt, der reflektierte Anteil also geschwächt wird. Die Dicke der aufgepreßten Substanz spielt dabei gar keine Rolle. Das Verfahren ist in anderer Anordnung [54] auch zur Messung der optischen Konstanten geeignet. Auch eine quantitative Auswertung ist möglich.

4.2.7. Polarisationsmessungen

Bei gerichteten Strukturen, wie sie in Kristallen, Fasern oder gestreckten Filmen vorliegen, geben oft Messungen mit polarisierter Strahlung wichtigen Aufschluß über den Bau der Moleküle und ihren Ordnungszustand. Im Infrarotbereich lassen sich die von optischen Messungen im sichtbaren Gebiet bekannten Polarisatoren wegen ihrer Undurchlässigkeit nicht verwenden. Im wesentlichen kommen zwei Arten von IR-Polarisatoren in Frage, der Silberchlorid- und der Selenpolarisator.

Beim Silberchloridpolarisator [55a] wird die Polarisation der Strahlung an AgCl-Platten ausgenutzt, wenn sie unter dem Brewsterschen Winkel einfällt. Die Platten werden unter diesem Winkel in einem drehbar gelagerten Rohr mit ablesbarem Drehwinkel angeordnet. Dabei ist darauf zu achten, daß bei der Drehung der Strahl nicht aus seiner Achsrichtung abgelenkt wird. Die Registrierung der Spektren erfolgt bei verschiedenen Stellungen des Polarisators, wobei die Zu- bzw. Abnahme der Intensität bestimmter charakteristischer Banden beobachtet wird. Beim AgCl-Polarisator ist die Lichtempfindlichkeit nachteilig, jedoch ist eine kürzere Bauform möglich als beim Selenpolarisator.

Der Selenpolarisator [55b, 56] läßt sich in zwei verschiedenen Formen realisieren, entweder im durchgelassenen oder im reflektierten Licht. Bei der ersten Form werden mehrere dünne Selenfolien, die freitragend in Rahmen gespannt sind, ebenfalls drehbar in einem Rohr unter dem Polarisationswinkel angebracht. Infolge der geringen Foliendicke ist die seitliche Versetzung des Strahlenganges gering und läßt sich durch Anordnung der Hälfte der Folien in entgegengesetzter Richtung kompensieren. Die Durchlässigkeit dünner Selenschichten ist ausreichend. Außer der größeren Baulänge ist die Zerbrechlichkeit der Selenfolien nachteilig. Vor kurzem wurde ein in Reflexion arbeitender Selenpolarisator beschrieben [57], bei dem die Selenschicht auf Glasplatten aufgebracht ist und daher hohe mechanische Stabilität erreicht. Mit vier Reflexionen wird ein Polarisationsgrad über 99,5% erreicht. Durch die in Abb. 35 gezeigte Anordnung wird eine seitliche Versetzung des Strahlengangs vermieden.

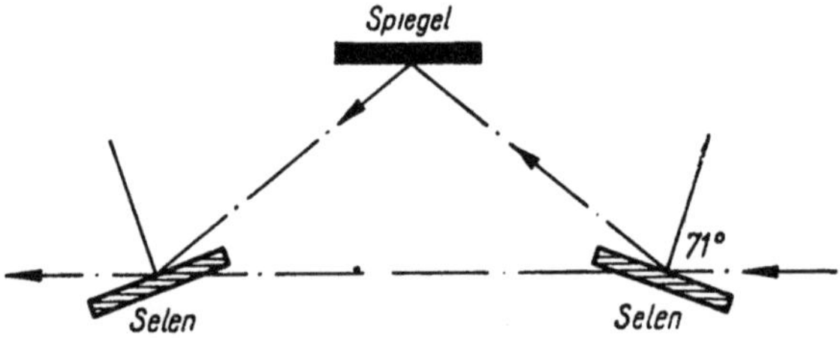

Abb. 35 Infrarot-Polarisator (Schema)

4.3. Geräte für den ultravioletten, sichtbaren und nahen infraroten Bereich

Durch die Verwendung anderer Strahlungsquellen, Optikmaterialien und Detektoren treten im Bau dieser Geräte gegenüber den oben beschriebenen IR-Spektralphotometern bisweilen erhebliche Unterschiede auf, was sich auch auf die Elektronik bezieht.

4.3.1. Lichtquellen

Registrierende Spektralphotometer erfordern Lichtquellen mit kontinuierlichem Spektrum, während bei der photographischen Aufnahme auch diskontinuierliche

Spektren mit großer Linienzahl, wie z. B. das Bogen- oder Funkenspektrum des Eisens oder Wolframs, in Frage kommen. Die meistverwendete Lichtquelle für den UV-Bereich ist die Wasserstofflampe, die im Gebiet von etwa 180 bis 400 nm verwendbar ist. Die Brauchbarkeit im kurzwelligen Bereich hängt stark von der Durchlässigkeit des Quarzglaskolbens ab. Kleinere Typen, wie z. B. die H_2-0,3 des Berliner Glühlampenwerks, haben eine Leistungsaufnahme von etwa 30 W. Der Heizstrom für die Glühkatode wird auf den vorgeschriebenen Wert eingeregelt. Zum Zünden ist eine Spannung von etwa 300 V erforderlich. Der Anodenstrom (0,3 A) wird mittels eines vorgeschalteten Regelwiderstandes eingestellt. Das Strahlaustrittsfenster wird durch eine kleine runde oder längliche Öffnung im Anodenzylinder gebildet. Größere Typen mit einer Leistung von etwa 100 W besitzen eine Wasserkühlung. Im sichtbaren Bereich sendet die Wasserstofflampe ein Linienspektrum aus.

Bei den photographischen Aufnahmeverfahren ist die Intensität der Wasserstofflampe zu gering, so daß sich lange Belichtungszeiten ergeben. Ein bedeutend intensiveres kontinuierliches Spektrum liefern die Xenon-Höchstdrucklampen (z. B. XBO 100 und XBO 500 des VEB BGW). Im Kontinuum finden sich oft noch Emissionslinien, hauptsächlich von Quecksilber. Bei lichtelektrischen Geräten ist ihr Einsatz nicht nur deswegen nicht sinnvoll, sondern auch wegen des ungünstigen Verhältnisses der Strahlungsintensität zwischen UV und Sichtbarem. Die zu intensive sichtbare Strahlung bedingt einen zu großen Streulichtanteil.

Für den sichtbaren und NIR-Bereich werden fast ausnahmslos Glühbirnen mit Wolframwendel verwendet, meist Niedervoltlampen wegen ihrer günstigeren Lichtausbeute. Die Wendelform muß den Abbildungsverhältnissen angepaßt sein. Bei Wellenlängen über 2,5 μm setzt eine zunehmende Absorption des Glaskolbens ein, weshalb in machen Fällen Glühbirnen mit Quarzglaskolben oder Quarzfenster Verwendung finden. Selbstverständlich ist im NIR auch der Nernststift gut benutzbar, während seine Intensität im Sichtbaren infolge der niedrigeren Temperatur zu schwach ist.

4.3.2. Photographische Verfahren

Vor dem Aufkommen der photoelektrischen Geräte wurden Absorptionsspektren im UV- und sichtbaren Bereich durch photographische Aufzeichnung gewonnen. Von den verschiedenen Methoden sei lediglich das Verfahren nach SCHEIBE erwähnt, das heute noch gelegentlich bei Fehlen moderner Geräte angewandt wird [15]. Die Lösung der zu untersuchenden Substanz sowie das reine Lösungsmittel werden in Küvetten gleicher Schichtdicke gefüllt. Mittels des HÜFNER-Kondensors, dessen wichtigster Teil der ALBRECHTsche Rhombus (aus Quarz) ist, wird eine Trennung der beiden Strahlen durch Meß- bzw. Vergleichsküvette möglich, so daß sie auf dem Spektrographenspalt übereinanderliegen. Die Schärfe der Trennungslinie hängt von der Korrektur des Quarz-Flußspat-Achromaten ab, der die Rhombusschneide auf dem Spalt abbildet. Im Vergleichsstrahl wird ein rotierender Sektor mit 10 % Durchlässigkeit angeordnet. Hierauf werden auf einer Photoplatte übereinander 21 Spektren mit Küvetten mit logarithmisch abgestufter Schichtdicke zwischen 1 und 100 mm aufgenommen. Durch Aufsuchen der Stellen gleicher Schwärzung in den Doppelspektren erhält man die Wellenlängen, bei denen bei der zugehörigen Schichtdicke die Durchlässigkeit der Substanz 10 % beträgt. Auf diese Weise läßt sich sofort punktweise die Extinktionskurve zeichnen, indem auf der Ordinate der Logarithmus der Schichtdicke aufgetragen wird (für die die Extinktion den Wert 1 hat). Für genauere Messungen muß das Verfahren mit 5 % Sektoröffnung wiederholt werden. Die Maxima der Banden werden nur ungenau erfaßt. Für die Aufnahme eines einzigen Spektrums ist oft ein ganzer Arbeitstag erforderlich, und das

Aufsuchen der Stellen gleicher Schwärzung und der zugehörigen Wellenlänge ist mühsam und kann Anlaß zu subjektiven Fehlern geben. Es sind zwar Photometer beschrieben worden, die eine Messung des Verhältnisses der beiden Teilspektren gestatten, doch ist der Aufwand bei den lichtelektrischen Geräten bedeutend geringer. An Stelle des Küvettensatzes für das reine Lösungsmittel kann auch eine Küvette variabler Schichtdicke (Baly-Rohr) verwendet werden.

4.3.3. Einfache photoelektrische Meßeinrichtungen

Eines der ersten photoelektrischen Spektralphotometer für den UV- und sichtbaren Bereich war das Modell DU von Beckman Instr. [58]. Sein Kernstück bildet ein Littrow-Monochromator mit rückwärtig verspiegeltem Quarzprisma. Die Messung wird punktweise vorgenommen, indem der Reihe nach erst eine Küvette mit dem reinen Lösungsmittel, dann eine oder mehrere mit Lösung gefüllte Küvetten in den Strahlengang gebracht werden. Der Küvettenraum befindet sich hinter dem Monochromator-Austrittsspalt, um die Substanz vor der intensiven Bestrahlung durch nichtzerlegtes UV-Licht zu schützen. Durch Verwendung der unteren Hälfte als Eintrittsspalt und der oberen Hälfte als Austrittsspalt wird ein einfacher und weitgehend symmetrischer Strahlengang erzielt. Nach dem Durchtritt der monochromatischen Strahlung durch die Küvette trifft sie auf eine Photozelle. Da die Messungen von Meßküvette und Vergleichsküvette in zeitlicher Aufeinanderfolge vorgenommen werden, muß für einen konstanten Betrieb der Wasserstofflampe gesorgt werden, wozu ein stabilisiertes Netzgerät erforderlich ist. Bei Gleichlichtmessungen muß der Dunkelstrom der Photozelle kompensiert werden. Um bei Einstrahlgeräten zu einer Angabe der Durchlässigkeit oder Extinktion zu gelangen, kann man entweder mit der Vergleichsküvette im Strahlengang den Ausschlag eines Meßgeräts durch optische oder elektrische Mittel auf 100 Skalenteile bringen und hierauf nach Einschieben der Meßküvette die Durchlässigkeit ablesen, wobei die Anzeige linear zu erfolgen hat, oder besser in einer Brückenschaltung ein Galvanometer auf Null abgleichen. Das Abgleichpotentiometer läßt sich direkt in Prozent Durchlässigkeit oder Extinktion eichen.

Mehrere Gerätetypen arbeiten nach einem ähnlichen System, so z. B. auch die nach dem Baukastenprinzip aufgebaute Photoelektrische Meßeinrichtung des VEB Carl Zeiss, Jena. Lichtquelle (Wasserstofflampe oder Glühlampe), Spiegelmonochromator, Probenwechsler und Photozellengehäuse mit Fadengalvanometer sind durch eine Dreikantschiene verbunden. Mittels eines Kompensators wird die Dunkelstromkompensation und der Abgleich vollzogen.

Derartige Geräte sind bei Messungen bei wenigen bestimmten Wellenlängen recht gut geeignet. Sollen hingegen vollständige Spektren in einem größeren Wellenlängenbereich aufgenommen werden, dann sind besonders bei Substanzen mit vielen scharfen Banden sehr viele Meßpunkte erforderlich, was einen großen Zeitaufwand und eine erhebliche Belastung für die das Gerät Bedienenden bedeutet. Außerdem kann die Genauigkeit durch subjektive Fehler leiden, und oft ist das Erfassen des Bandenmaximums in Frage gestellt, wenn die Meßpunkte gerade zu beiden Seiten daneben liegen. In all diesen Fällen ist das registrierende Gerät überlegen. Eine Zwischenlösung brachte eine Registriervorrichtung für das Beckman DU (Modell DR), die automatisch eine Folge von Meßpunkten in Abhängigkeit von der Wellenlänge aufnehmen kann.

4.3.4. Registrierende Zweistrahl-Spektralphotometer

Die bekanntesten Geräte dieses Typs sind die Modelle DK–1 (mit Bandschreiber) und DK–2 (mit Pultschreiber) der Firma Beckman Instr. (USA). Nach einem ähnlichen

Prinzip arbeitet auch ein vom Verfasser beschriebenes Modell (Abb. 36, 37) [59]. Die Arbeitsweise sei hier nur kurz erläutert. Als Strahlungsquellen dienen eine Wasserstofflampe für das UV und eine Glühbirne für den sicht-

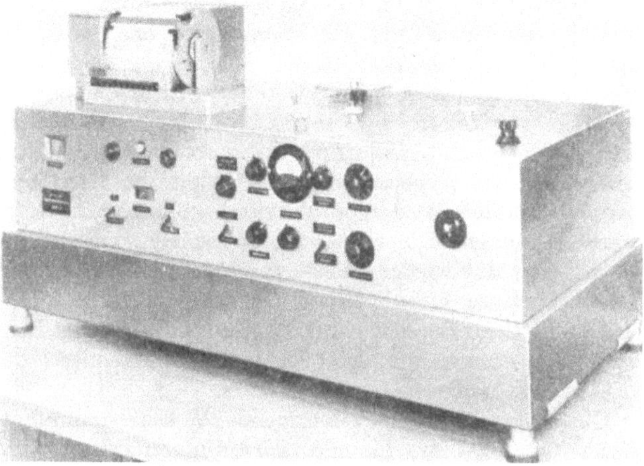

Abb. 36 Spektralphotometer USP-2

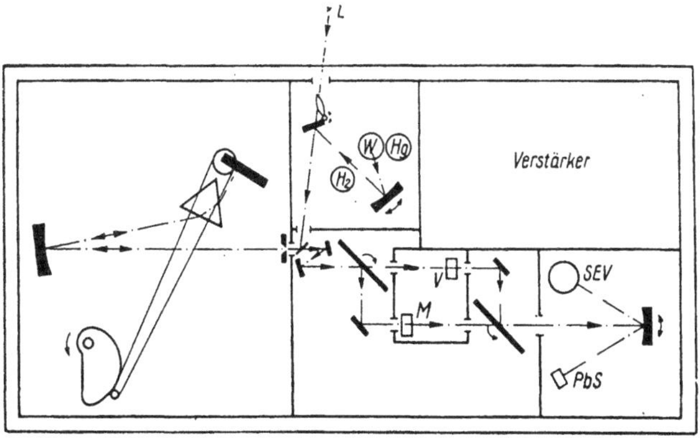

Abb. 37 Strahlengang des USP-2

baren und NIR-Bereich. Außerdem ist zu Zwecken der Wellenlängeneichung noch eine Quecksilberdampflampe vorgesehen. Die Umschaltung von einer Lichtquelle zur anderen erfolgt durch Drehen eines Spiegels. Die Strahlung fällt auf die untere Hälfte des Monochromatorspalts. Der Monochromator enthält ein 60°-Quarz-Cornu-Prisma in Littrow-Aufstellung. Die obere Hälfte des gekrümmten Spalts dient als Austrittspalt. Hinter dem Spalt wird die Strahlung durch eine rotierende Sektorscheibe mit 1000 Hz moduliert. Die monochromatische Strahlung wird im Photometerteil durch einen rotierenden Sektorspiegel in zwei Wege aufgespalten, so daß im Küvettenraum eine Meß- und eine Vergleichsküvette eingesetzt werden können. Ein weiterer Sektorspiegel vereint die beiden Strahlen wieder und lenkt sie auf den Empfänger. Durch Drehung eines Hohlspiegels läßt sich für den UV- und sichtbaren Bereich ein SEV, für das NIR eine Bleisulfidzelle einschalten. Die Strahlumschaltfrequenz der beiden Sektorspiegel beträgt 12,5 Hz.

Das vom Empfänger kommende Wechselspannungssignal von 1000 Hz, das mit 12,5 Hz moduliert ist, wird zunächst in einem Vorverstärker verstärkt und hierauf so demoduliert, daß eine Trennung der beiden Signale von Meßstrahl bzw. Vergleichsstrahl erfolgt. Dazu wird von den Sektorspiegeln mittels einer Photozelle eine synchrone Referenzspannung mit Rechteckform abgenommen, die abwechselnd die Gitter einer als Gleichrichter geschalteten Doppeltriode sperrt bzw. öffnet. Während z. B. im geöffneten Zustand das 1000 Hz-Signal des Meßstrahls gleichgerichtet wird, ist die andere Hälfte gesperrt und umgekehrt. Das Vergleichsstrahlsignal wird einem Meßpotentiometer zugeführt, dessen Schleifer mit der Schreibfeder mechanisch gekuppelt ist. Ein Servomotor gleicht den Schleifer ab, bis die Differenzspannung zwischen Meßstrahlsignal und Schleifer null ist. Ein zweiter Servomotor verändert die Spaltbreite stets in der Weise, daß das Vergleichsstrahlsignal auf gleicher Höhe gehalten wird. Der Stellhebel des Spaltes gleitet hierbei auf einer logarithmischen Kurvenscheibe, damit gleiche Drehwinkel einer gleichen Energieänderung entsprechen. Je höher die Verstärkung gewählt wird, um so enger wird die Spaltöffnung, aber auch das Signal-Rausch-Verhältnis nimmt ab. Durch Wahl einer größeren Zeitkonstante und niedrigeren Registriergeschwindigkeit läßt es sich wieder verbessern. Die Registriergeschwindigkeit läßt sich in weiten Grenzen verändern, und für den Trommelmaßstab sind drei Verhältnisse (1:3:9) möglich. Zur Wellenlängeneichung sowie zur Aufnahme von Energiekurven läßt sich der Sektorspiegelantrieb abschalten und das Gerät im Einstrahlbetrieb verwenden. Die Spaltbreite kann dann manuell eingestellt werden, und das Meßstrahlsignal wird mit einer festen Gleichspannung am Potentiometer verglichen. Bei dieser Einstellung ist auch die Aufnahme der Charakteristik einer äußeren Lichtquelle oder der Anschluß einer Fluoreszenz-Meßeinrichtung möglich, indem die Strahlung von außen eingeblendet und mittels einer einschwenkbaren Quarzlinse auf den Spalt fokussiert wird.

Bei den kommerziellen Geräten unterscheidet man wieder zwischen einfacheren Typen, die nur für den UV- und sichtbaren Bereich (oder den sichtbaren Bereich allein) gebaut sind und mit mehr oder weniger fester Einstellung arbeiten, sowie hochgezüchteten Geräten mit universellen Anwendungsmöglichkeiten und großem Bedienungskomfort. Tab. 3 enthält eine Aufstellung einiger bekannter Geräte und ihrer besonderen Merkmale.

Für Arbeiten im UV-Gebiet, vor allem quantitative Untersuchungen, ist eine gute Monochromasie der Strahlung auch am kurzwelligen Ende des Bereichs, also unter 220 nm, erstrebenswert. Da sich hier Streulichteinflüsse infolge schlechterer Reflexion der Spiegel, beginnende Absorption des Quarzes, Abnahme der Energie des Strahlers und der Empfindlichkeit des Empfängers besonders ungünstig auswirken, besteht die einzige Möglichkeit der Streulichtbeseitigung in der Wahl eines Doppelmonochromators. Doppelweganordnungen sind bei photoelektri-

Tabelle 3 Kommerzielle Spektralphotometer für den UV-, sichtbaren (und NIR-) Bereich

Modell	Firma	Merkmale
DU	Beckman (USA)	E, P*, nicht registr., UV/Si
DK-1	»	Z, P; elektr. Verhältnisbildung, 1 Detektor, UV/Si/NIR; Bandschreiber
DK-2	»	Z, P; Pultschreiber
DB	»	Z, P, UV/Si, einfacheres Modell
Spectracord 4000 A	Perkin-Elmer (USA)	Z, 2 P, DM, 2 Detektoren, 200 – 2800 nm
Modell 202	» »	Z, UV/Si
» 350	» »	Z, DM, 175 nm – 2,7 μm
Infracord 137 UV	» »	Z, P, UV/Si, einfaches Gerät
» 137 G	» »	Z, 2 G, 0,83 – 2,55 μm; 2,45 – 7,65 μm
SP 500	UNICAM (England)	Z, P, 186 – 1000 nm
SP 600	»	Z, P, 360 – 1000 nm
SP 700	»	Z, P + G, 186 nm – 2,5 μm P, 2,3 – 3,6 μm G
Uvispek	Hilger (England)	Z, P, 200 – 1000 nm
CF-4	Optica (Italien)	Z, 2 G + Filter, 186 nm – 1 μm; 1 – 4 μm
RPQ-20 A	Carl Zeiss (DBR)	Z, P, 200 – 2500 nm, Baukastensystem
Modell 11	Cary (USA)	Z, P, DM, 185 – 2,65 μm
» 14	»	Z, P + G, DM, 186 nm – 2,65 μm
Spectronic 505	Bausch and Lomb (USA)	Z, 2 G, DM, UV/Si
SF-4	UdSSR	E, P nicht registr., 220 – 1100 nm
SF-5	»	E, P nicht registr., 380 – 1100 nm
SF-2M	»	Z, 2 P, DM, registr. 400 – 750 nm
SFD-1	»	E, G, nicht registr. 220 – 1100 nm

* E = Einstrahlgerät, Z = Zweistrahlgerät, P = Prismenmonochromator, G = Gittermonochromator, DM = Doppelmonochromator

schen Empfängern nicht in der Weise einsatzbereit wie im IR, da jedes den Empfänger treffende Streulicht zu einer Verschlechterung des Signal-Rausch-Verhältnisses, in ungünstigen Fällen sogar zu Sättigungserscheinungen führt, wenn die Emissionsfähigkeit der Katode erschöpft ist. In Geräten mittlerer Preisklasse werden oft Doppelmonochromatoren mit zwei Quarzprismen (rückverspiegelte Halbprismen) eingesetzt, während in Geräten höchster Leistung Prismen-Gitter-Doppelmonochromatoren bevorzugt werden. Bei manchen Geräten werden Gitter-Einfachmonochromatoren benutzt und das Streulicht störender Ordnungen durch Filter beseitigt. Eine sehr weitgehende Streulichtunterdrückung ist auch für Messungen bei großen Extinktionen (2 bis 4) erforderlich.

Über die Frage, ob ein linearer Wellenlängen- oder Wellenzahlmaßstab von Nutzen ist, kann man geteilter Meinung sein. Beim Betrachten der sich aus der natürlichen Dispersion des Quarzprismas ergebenden Abszissenteilung mit wellenlängen- und frequenzlinearen Darstellungen (Abb. 38) erkennt man sofort, daß zumindest kein einheitlicher Maßstab über den gesamten Bereich brauchbar ist. Der wellenlängenlineare Maßstab würde die große Dispersion im UV verschleiern und im NIR eine leere Vergrößerung ergeben. Beim frequenzlinearen Maßstab hingegen würde die große Dispersion im NIR gegenüber der viel geringeren im Sichtbaren vernachlässigt. Für genaue Wellenlängenmessungen läßt

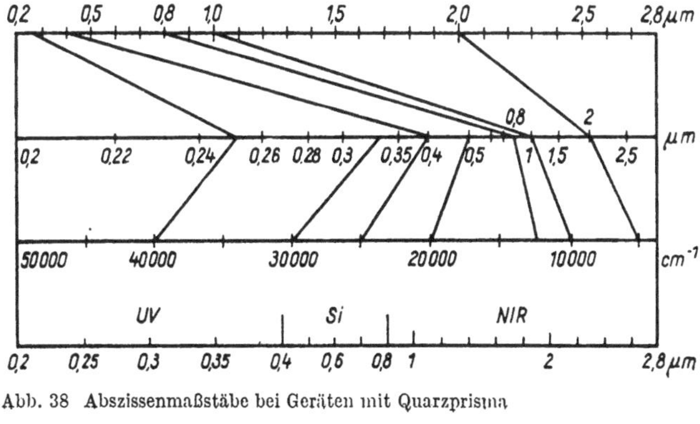

Abb. 38 Abszissenmaßstäbe bei Geräten mit Quarzprisma

sich eine Nacheichung bei dem natürlichen Maßstab leichter durchführen, da dann meist nur Parallelverschiebungen durch die bei Quarzoptik an sich geringen Temperatureinflüsse vorkommen. Bei Gittergeräten ist selbstverständlich die wellenlängenlineare Darstellung die günstigere.

Während man bei den IR-Geräten infolge des guten Reflexionsvermögens der Spiegel leichter eine saubere 100%-Linie erhält, treten im UV und Sichtbaren oft Abweichungen auf, die sich im Laufe der Zeit noch verändern. Eine luft- und staubdicht abgeschlossene Optik kann diese Fehler zwar vermindern, doch macht sich bei genauen quantitativen Messungen eine Kompensation erforderlich. Einige Geräte verwenden zur Korrektur der Abweichungen ein sogenanntes Multipotentiometer. Hierunter versteht man ein mit dem Wellenlängenantrieb gekuppeltes Meßpotentiometer mit vielen Anzapfstellen. Jede Anzapfstelle ist mit dem Schleifer eines Korrekturpotentiometers verbunden, das auf einen bestimmten Prozentsatz der Meßstrahlspannung eingestellt ist. Jedes Korrekturpotentiometer entspricht einer definierten Wellenlänge, während jeweils zwischen zwei Korrekturpotentiometern durch das Meßpotentiometer linear interpoliert wird. Auf diese Weise ist eine Glättung der 100%-Linie bis zu Abweichungen unter $\pm$ 1% erreichbar. Auch eine mechanisch-optische Korrektur ist möglich (Bausch and Lomb, Spectronic 505). Zwischen Meß- und Vergleichsstrahl wird eine Korrekturblende verschoben, die die Abweichungen vom richtigen Intensitätsverhältnis kompensiert. Sie ist mit einem Hebelarm versehen, der eine mit dem Wellenlängenantrieb gekuppelte Schablonenscheibe abtastet. Diese Schablone besteht aus einem Blechring, dessen äußerer Rand in die Nuten von vielen Korrekturschrauben eingreift. Jede Schraube entspricht einer bestimmten Wellenlänge. Durch Drehen der Schraube läßt sich der Schablonenring an der betreffenden Stelle heben oder senken. Derartige Korrekturverfahren sind bei Spektralphotometern mit zwei Empfängern in jedem Falle erforderlich.

Besondere Bedeutung kommt dem Aufbau des Photometerteils zu, da ja in ihm infolge des getrennten Strahlengangs die meisten Fehlermöglichkeiten vorhanden sind. Abb. 39–42 zeigen den Strahlengang einiger kommerzieller Geräte. Bei Spektralphotometern mit einem einzigen Detektor soll die Strahlung beider Wege unbedingt auf die gleiche Stelle des Detektors auftreffen. Mit zwei rotierenden Sektorspiegeln (Abb. 37) läßt sich dies ohne weiteres erreichen, doch führen bewegte Spiegel und vor

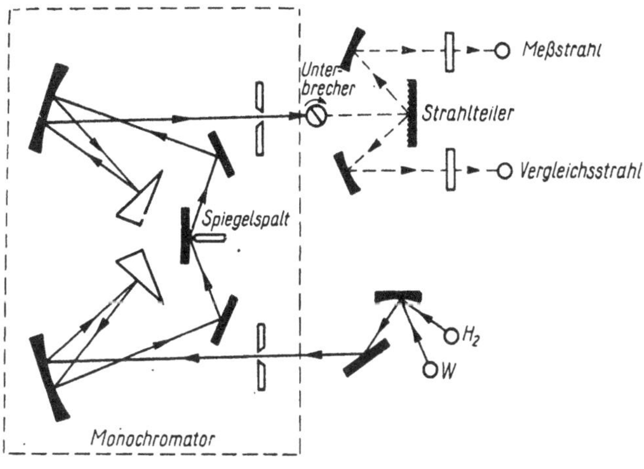

Abb. 39 Strahlengang des Spectracord 4000 A (Perkin-Elmer)

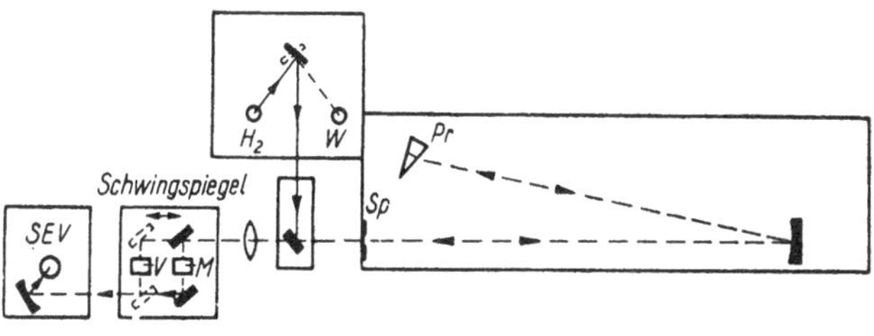

Abb. 40 Strahlengang des Modells DB (Beckman Instr.)

allem verschiedene Spiegel in beiden Wegen leicht zu Fehlern in der 100%-Linie. Die Benutzung derselben Spiegel für beide Strahlengänge ist im Beckman-Modell DB realisiert (Abb. 40). Die beiden Ablenkspiegel schwingen in ihrer Eigenfrequenz zwischen den Endlagen hin und her, wobei abwechselnd die monochromatische Strahlung durch die Meßküvette bzw. die Vergleichsküvette geschickt wird. Eine andere Möglichkeit ist beim Spektral-

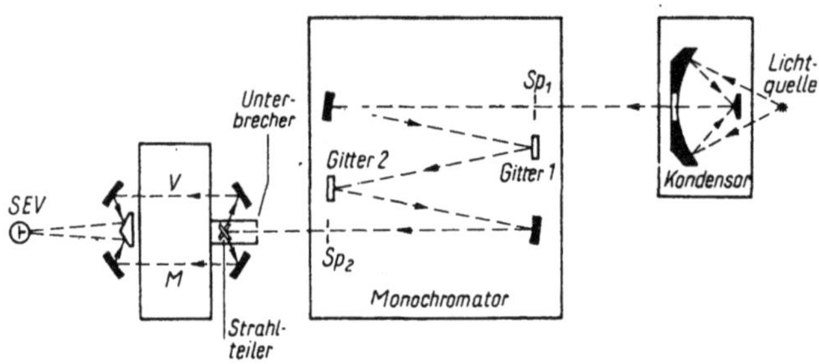

Abb. 41 Strahlengang des Spectronic 505 (Bausch and Lomb)

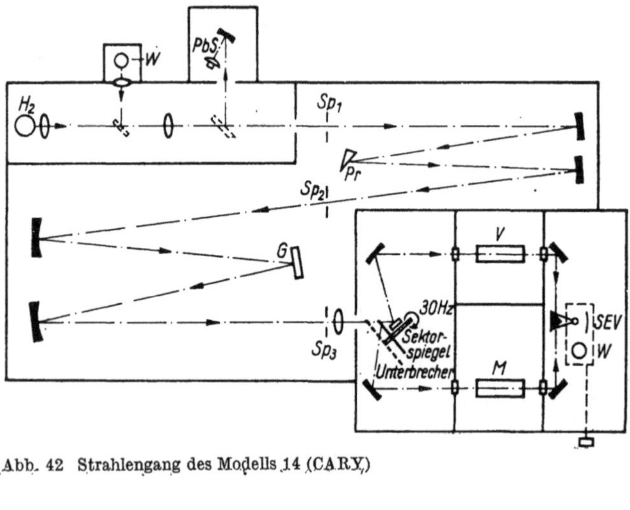

Abb. 42 Strahlengang des Modells 14 (CARY)

photometer RPQ 20 A (Carl Zeiss, Oberkochen) genutzt. Dort werden überhaupt keine bewegten Spiegel verwendet, sondern die aus dem Monochromator-Austrittsspalt kommende Strahlung fällt auf eine unter 45° geneigte dünne Quarzplatte, die einen Teil reflektiert, einen anderen durchläßt. Die Strahlen treffen dann auf die Meß- bzw. Vergleichsküvette, hinter denen sich je ein Spiegel befindet, so daß die Küvettenlänge doppelt ausgenutzt wird. Der Strahl, der zuerst von der Quarzplatte reflektiert wurde, wird nun hindurchgelassen und umgekehrt, wodurch die Symmetrie wieder hergestellt wird. Rotierende Blenden decken abwechselnd den einen oder anderen Strahl ab. Geräte mit zwei Strahlungsempfängern enthalten meist keine bewegten Spiegel.

Von großer Wichtigkeit für die Erzielung einer hohen Meßgenauigkeit ist auch der Aufbau der Elektronik, mit der das Verhältnis der beiden Strahlsignale bestimmt wird. Bei Geräten mit einem einzigen Empfänger ist stets eine zeitlich aufeinanderfolgende Messung beider Signale und entsprechende Trennung erforderlich. Im einfachsten Falle läßt sich dies durch mechanische Kontakte erreichen, die von einer auf der Sektorspiegelachse mitrotierenden Nockenscheibe betätigt werden. Infolge des bei Dauerbetrieb auftretenden Verschleißes ist eine öftere Nachjustierung notwendig. Die Fehler im genauen Umschaltzeitpunkt lassen sich herabsetzen, wenn die Sektorspiegel eine schwarze Blende an der Umschaltstelle erhalten, die für die Zeit der Umschaltung beide Strahlengänge abdeckt. Günstiger, wenn auch aufwendiger, ist eine elektronisch gesteuerte Umschaltung.

Bei Spektralphotometern mit zwei getrennten Empfängern liegen von vornherein bereits getrennte Signale für beide Strahlengänge vor. Man kommt deshalb mit einer einzigen Lichtwechselfrequenz aus; oft wird der Einfachheit halber die Netzfrequenz gewählt, wie z. B. beim Spectracord (Abb. 39). Bei diesem Gerät wird nach vorheriger getrennter Verstärkung das Vergleichsstrahlsignal gleichzeitig der Katode einer Röhre und dem Abgleich-Meßpotentiometer zugeführt, während an das Gitter der gleichen Röhre das Meßstrahlsignal und der Schleifer des Abgleichpotentiometers angelegt werden. Bei fehlender Absorption im Vergleichsstrahl sind beide Signale gleich groß und kompensieren sich in der Röhre, so daß der Anodenstrom konstant bleibt. Der Schleifer liegt dabei an Masse. Bei auftretender Absorption im Meßstrahl wird dessen Signal kleiner, in der Röhre fließt Anodenstrom, der über den Servoverstärker einen Servomotor antreibt, welcher den Potentiometerschleifer so weit bewegt, bis eine der Erniedrigung der Meßstrahlspannung entsprechende Teilspannung des Vergleichsstrahlsignals abgegriffen ist und wieder Gleichgewicht besteht. Bei dieser Schaltung wird das Rauschen bei zunehmender Absorption kleiner, da sich das kohärente Rauschen des Vergleichsstrahls infolge der Gegenphasigkeit aufhebt. Auch bei den anderen Geräten mit elektrischer Verhältnisbildung nimmt das Rauschen bei steigender Absorption ab, da das Vergleichsstrahlsignal nicht mehr in voller Höhe dazu beiträgt. Bei vollständiger Absorption trägt nur das Meßstrahlsignal zum Rauschen bei, weil ja der Schleifer des Abgleichpotentiometers an Masse liegt.

4.3.5. Geräte für das Vakuum-Ultraviolett

Die Absorptionsspektren der gesättigten Kohlenwasserstoffe und einiger ihrer Derivate liegen bei Wellenlängen unter 220 nm. In diesem Gebiet machen sich einmal die beginnende Absorption der Quarzoptik (je nach Herkunft und Qualität des Quarzes) sowie bei Wellenlängen unter 200 nm die Absorptionsbanden des Sauerstoffs störend bemerkbar. Trotzdem ist es heute mit guten kommerziellen UV-Spektralphotometern konventioneller Bauart möglich, Messungen bis 185 nm durchzuführen. Bei noch kürzeren Wellenlängen ist ein anderer Aufbau der Geräte notwendig. Hier werden heute noch meist Vakuumspektrographen verwendet [60]. Als Prismenmaterial dient CaF_2 oder LiF. Der gesamte Spektrograph befindet sich in einem evakuierten Rohr. Auf die Präparation der Photoplatte wurde bereits hingewiesen.

Es sind auch lichtelektrische Anordnungen beschrieben worden, doch soll hier nicht auf weitere Einzelheiten dieses Randgebietes eingegangen werden.

4.3.6. Zusatzgeräte zu den UV-Spektralphotometern

Hinsichtlich der Küvetten bestehen in diesem Bereich weit weniger Schwierigkeiten als im Infrarot. Als Material dient Quarz oder Glas, je nach Wellenlängenbereich. Für Flüssigkeiten werden meist trogförmige Küvetten verwendet, die oben mit einem Deckglas versehen sind. Bei Substanzmangel läßt sich das Volumen verkleinern, indem schmale Formen, die gerade den Strahlquerschnitt ausfüllen, eingesetzt werden, oder aber man kann den nichtgenutzten Raum in den breiteren Küvetten durch entsprechend dicke Glasplatten ausfüllen. Die Küvetten befinden sich im Strahlengang meist an einer Stelle der Zwischenabbildung des Spaltes, so daß dort der Strahlquerschnitt recht klein ist. Für leicht flüchtige Substanzen sind die Küvetten mit einem aufgeschmolzenen Deckel mit verschließbarem Einfüllstutzen versehen oder, bei größeren Schichtdicken, z. B. von 10 bis 100 mm, als Rohr mit runden Fenstern und Füllstutzen ausgeführt. Bei Schichtdicken unter 1 mm wird meist nur eine Quarzplatte mit aufgeschmolzenem Ring entsprechender Dicke und einem Deckglas aus Quarz verwendet. Auch die Benutzung der Infrarot-Küvetten ist möglich, da NaCl und KBr im UV durchlässig sind. Zur Untersuchung von Gasen lassen sich ebenfalls die Flüssigkeitsküvetten größerer Weglänge benutzen. Bei Festkörpern kann man sich der KBr-Preßtechnik bedienen, doch sind infolge der kurzen Wellenlängen die durch diffuse Streuung entstehenden Verluste recht erheblich, besonders im UV, so daß dieses Verfahren selten angewandt wird. Bessere Ergebnisse erzielt man, wenn sich die Tabletten unmittelbar vor dem Empfänger (bei Geräten mit zwei Empfängern) befinden.

Für Messungen bei tiefen und hohen Temperaturen werden Spezialküvetten benötigt. Man kann die Küvette in einen Temperiertrog stellen, der mit Quarzfenstern versehen ist (Wasser ist im UV durchlässig). Bei trogförmigen Küvetten hat sich folgende Methode bewährt: Da die Breite der Küvette erheblich größer als die Strahlbreite ist, lassen sich zu beiden Seiten U-förmige Röhren, die am Deckel befestigt sind, einsetzen, durch die von einem Thermostaten Temperierflüssigkeit gepumpt wird. Temperaturkontrolle direkt in der Küvette ist erforderlich. Für Messungen bei konstanter Temperatur hat sich die Temperierung des gesamten Küvettenraums als zweckmäßig erwiesen.

Reflexionsmessungen haben im UV und Sichtbaren größere Bedeutung als im IR. Die Anordnungen für die gerichtete Reflexion entsprechen den für das IR beschriebenen. Meist wird bei verschiedenen Reflexionswinkeln gemessen. Für die Bestimmung der diffusen Reflexion bedient man sich der Ulbrichtschen Kugel, die bei Geräten mit zwei Empfängern oft doppelt ausgeführt wird. Eine Anordnung eines Reflexionszusatzes

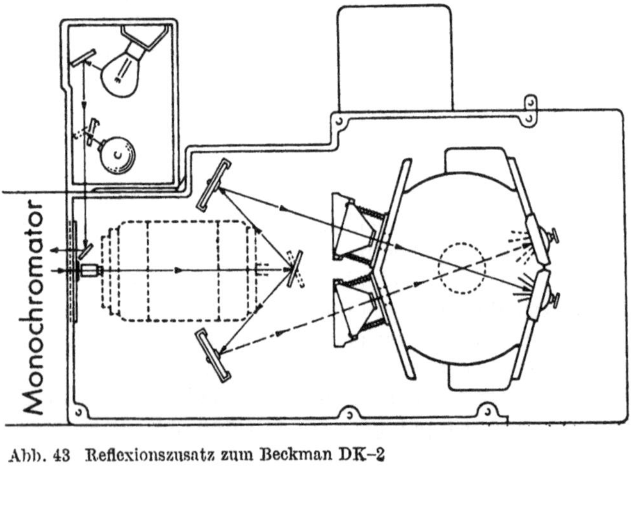

Abb. 43 Reflexionszusatz zum Beckman DK-2

zeigt Abb. 43. Es besteht die Möglichkeit, die Plätze von Strahler und Empfänger zu vertauschen, was manchmal von Vorteil ist. Die Ulbrichtsche Kugel ist innen mit einem Material mit hohem diffusen Reflexionsvermögen verkleidet, z. B. mit Magnesiumoxyd. Die beiden Strahlen treten durch zwei kleine Öffnungen und fallen auf die Probe bzw. einen Vergleichsstandard. An einer anderen, dazu symmetrisch gelegenen Stelle befindet sich der Empfänger. Die nicht ganz einfachen Zusammenhänge bei der Aufnahme von Reflexionsspektren wurden von Kortüm untersucht [61].

4.4. Zusätze und Geräte für Lumineszenzmessungen

Bei den Lumineszenzerscheinungen unterscheidet man zwei verschiedene Effekte, Fluoreszenz und Phosphoreszenz. Bei der Fluoreszenz erfolgt die Ausstrahlung des Sekundärlichtes unmittelbar nach der Einstrahlung des Erregerlichts mit sehr kleiner Zeitverzögerung (Nanosekundenbereich). Der durch die Absorption der Erregerstrahlung entstehende angeregte Zustand der Moleküle hat eine sehr geringe Lebensdauer und geht rasch wieder in den Grundzustand über unter Aussendung des Fluoreszenzspektrums. Bei der Phosphoreszenz hingegen besitzt der angeregte Zustand eine größere Lebensdauer (Millisekunden oder mehr). Auf den Mechanismus der Entstehung soll hier nicht näher eingegangen werden (vgl. z. B. [6]).

Die Anordnungen zur Aufnahme von Fluoreszenz- und Phosphoreszenzspektren sind bis auf einen kleinen Unterschied die gleichen. Da sich die Erscheinungen überlagern können, muß bei der Aufnahme der Phosphoreszenspektren das Fluoreszenzspektrum eliminiert werden. Man erreicht das durch Einbau eines rasch rotierenden Unterbrechers, der in kurzem Zeitabstand nacheinander die Einstrahlung des Erregerlichtes auf die Substanz und die Beobachtung des Phosphoreszenzlichts ermöglicht. Zur Zeit der Beobachtung der Phosphoreszenz ist die Fluoreszenzstrahlung bereits abgeklungen und tritt deshalb nicht mehr störend in Erscheinung.

Zu den meisten UV-Spektralphotometern gibt es Fluoreszenzeinrichtungen als Zusatzgeräte meist einfacher Bauart. Die in einer Küvette mit meist quadratischem Querschnitt befindliche Lösung der Substanz wird seitlich von einer Quecksilberdampflampe mit kurzwelligem Licht bestrahlt (die Lumineszenzstrahlung hat stets größere Wellenlänge als die Erregerstrahlung). Die austretende Lumineszenzstrahlung wird als Emissionsstrahlung im Einstrahlbetrieb registriert. Für quantitative Untersuchungen birgt diese Methode zu viele Fehlerquellen in sich, da z. B. die spektrale Empfindlichkeit von Monochromator und Empfänger in das Meßergebnis eingeht. Weiterhin hängt der Meßwert noch von der Intensität des Primärlichtes und der Verstärkung der Apparatur ab. Auf diese Weise lassen sich die mit verschiedenen Meßgeräten erhaltenen Fluoreszenzspektren nur qualitativ vergleichen. Für quantitative Zwecke ist eine Eichung des Geräts mittels eines Strahlungsnormals erforderlich, z. B. mit einer Wolfram-Bandlampe.

Spezielle Spektrofluorometer enthalten meist zwei Monochromatoren, einen zur Zerlegung des Fluoreszenzlichtes, den anderen zur Herstellung monochromatischen Erregerlichtes [62]. Die spektrale Empfindlichkeit des Geräts wird mit einer Wolframbandlampe festgestellt. Das von diesem Vergleichsstrahl gewonnene Signal läßt sich zur Herstellung einer konstanten Empfindlichkeit für den gesamten Wellenlängenbereich verwenden. Zu diesem Zweck treibt ein Servomotor eine Kammblende in der Weise, daß die Abweichungen in der spektralen Durchlaßfähigkeit der Optik und der spektralen Empfindlichkeit des Detektors kompensiert werden. Man erhält so absolute Fluoreszenzspektren. Ein ähnliches Verfahren mit punktweiser Abtastung wurde auch von Kortüm und Hess [63] beschrieben.

An oben besprochenem Zweistrahl-Spektralphotometer des Verfassers (Abb. 37) läßt sich ebenfalls eine Fluoreszenzmeßeinrichtung für absolute Messungen anbringen. Die Einblendung des Lichts erfolgt durch das bereits erwähnte Fenster in der Rückwand und Einschwenken einer Quarzlinse zur Abbildung der äußeren Lichtquelle auf dem Spalt. Die Meßeinrichtung enthält einen rotierenden Sektorspiegel, der mit 12,5 Hz abwechselnd das Fluoreszenzlicht aus der Küvette, die seitlich von einer gefilterten Quecksilberdampflampe bestrahlt wird und das entsprechend geschwächte Licht einer geeichten Glühbirne einblendet. Die im Photometerteil des Spektralphotometers eingebauten Sektorspiegel bleiben abgeschaltet. Das Vergleichslicht wird zur Steuerung des Spaltes auf konstante Energie in der gleichen Weise wie bei Absorptionsmessungen verwendet. Die entsprechenden elektrischen Anschlüsse sind am Gerät hierfür vorgesehen, um eine rasche Umstellung (innerhalb weniger Sekunden) auf diese Betriebsart zu ermöglichen.

4.5. Geräte für die Raman-Spektroskopie

Die Apparaturen zur Messung des Raman-Effekts nehmen gegenüber den oben behandelten Spektralphotometern insofern eine Sonderstellung ein, als es sich um Emissionsspektren besonders schwacher Intensität handelt. Dies bedingt eine völlig andere Anordnung von zu untersuchender Substanz und Lichtquelle. Infolge der ungünstigen Energieverhältnisse wird sich die photographische Aufnahmetechnik gegenüber der photoelektrischen auch in Zukunft in vielen Fällen weiterhin behaupten, obwohl sie bei quantitativen Messungen letzterer weit unterlegen ist.

Eine Raman-Spektroskopie-Aufnahmeapparatur besteht aus folgenden Teilen:

1. Lichtquelle
2. Streurohranordnung mit Filtermantel
3. Abbildungsoptik für das Streurohr

} Raman-Lampe

4. Spektrograph bzw. Monochromator und Detektor mit Verstärker und Registriereinrichtung.

4.5.1. Lichtquellen

Für die Aufnahme von Raman-Spektren sind monochromatische Lichtquellen großer Intensität erforderlich. Obwohl in Sonderfällen Versuche z. B. mit Helium-, Natrium- und Thalliumlampen gemacht worden sind, kommt der Quecksilberdampflampe doch die weitaus größte Bedeutung zu. Hochdrucklampen besitzen zwar eine hohe Intensität, jedoch sind die Spektrallinien infolge des hohen Druckes verbreitert, und der kontinuierliche Untergrund zwischen den Linien nimmt an Intensität zu. Außerdem enthalten sie gewöhnlich zur Erleichterung des Zündens eine geringe Menge Edelgas, dessen Linien im Raman-Spektrum störend in Erscheinung treten können. Aus diesen Gründen bevorzugt man Brenner mit relativ niedrigem Quecksilberdruck. Manche Raman-Lampen sind mit stabförmigen Mitteldruckbrennern ausgestattet. Sie enthalten eine bestimmte Menge flüssigen Quecksilbers, die nach einer Einbrennzeit von einigen Minuten vollständig verdampft, so daß ein weiterer Druckanstieg nicht mehr eintreten kann, wenn für ausreichende Kühlung durch einen Luftstrom gesorgt wird. Die Leistungsaufnahme eines solchen Brenners liegt bei etwa 500 bis 700 W, der Betrieb erfolgt mit Wechselstrom. Zum Zünden ist für jeden Brenner ein eigenes Zündgerät erforderlich, das eine hohe Hochfrequenzspannung erzeugt. Quecksilberbrenner müssen stets mit einem Vorwiderstand ausreichender Größe betrieben werden, da sie eine fallende Widerstandscharakteristik haben. Bei Wechselstrombetrieb kann auch eine Vorschaltdrossel verwendet werden, die den Vorzug geringer Verlustwärme hat. Der Spannungsabfall im Vorwiderstand soll mindestens so groß wie die Brennspannung sein. Von den Mitteldruckbrennern werden meist zwei oder noch mehr Stück in eine Raman-Lampe eingebaut, wo sie auf einem Kreis angeordnet das Streurohr umgeben. Lampen mit mehreren Brennern benötigen umfassende Stromversorgungs- und

Kontrollgeräte, da jeder Brenner für sich betrieben werden muß. Es wurden Lampen mit neun Brennern gebaut, die sich jedoch nicht mehr einwandfrei kühlen lassen und zu einem raschen Verschleiß der Brenner führen. Die Spektrallinien sind zwar für die meisten Zwecke scharf genug, doch der kontinuierliche Untergrund ist recht erheblich.

Bessere Ergebnisse erzielt man mit Brennern, die in den Elektrodengefäßen einen Überschuß an flüssigem Quecksilber enthalten und mit Wasserkühlung versehen sind. Das Quecksilber wird stets auf niedriger Temperatur gehalten, und diese Brenner erzeugen ein Spektrum mit sehr scharfen Linien und geringem Untergrund. Sie werden mit Gleichstrom betrieben und meist durch Kippen gezündet, so daß kurzzeitig eine leitende Verbindung durch das Quecksilber erzeugt wird und sich beim Abreißen ein Lichtbogen ausbildet. In gestreckter Form müssen sie waagerecht angeordnet werden. Ein weiterer Vorteil der wassergekühlten Brenner ist das günstige Intensitätsverhältnis der Linien des blauen Tripletts zueinander, indem die Intensitäten der *f*- und *g*-Linie gering gegenüber der der meist als Erregerlinie verwendeten *e*-Linie (4358 Å) sind. Linien größerer Wellenlänge erzeugen meist schwächere Raman-Spektren, da die Intensität der Raman-Streustrahlung proportional λ^{-4} ist. Kürzere Wellenlängen, z. B. die äußerst intensive Hg-Resonanzlinie (2536 Å), wären demnach weit günstiger, doch bei den notwendigen langen Aufnahmezeiten von vielen Minuten bis Stunden vertragen nur wenige Substanzen die intensive UV-Strahlung, ohne sich dabei zu verändern. Bei gefärbten Substanzen, die im Blau stark absorbieren, muß man mit anderen Erregerwellenlängen arbeiten. Es wurden sogar schon Versuche mit roten und infraroten Erregerlinien unternommen, in letzter Zeit auch mit Lasern.

Die z. Z. am weitesten verbreitete und günstigste Lichtquelle stellt der Toronto-Brenner dar, benannt nach seiner erstmaligen Konstruktion an der Universität Toronto [64]. Er besteht aus einem zu einer Wendel gewickelten Rohr aus Pyrex-Glas mit zwei wassergekühlten Elektrodengefäßen und einer Zündelektrode. Abb. 44 zeigt ein aus Duranglas hergestelltes Modell [65] mit einer kapazitiven Zündelektrode und einer Hilfsanode. Es wird mit Gleichstrom (220 V) betrieben. Die Brennspannung beträgt etwa 100 V, die mittlere Stromstärke 15 A. Die Kühlwassertemperatur wird bei 50 °C gehalten. Bei diesen

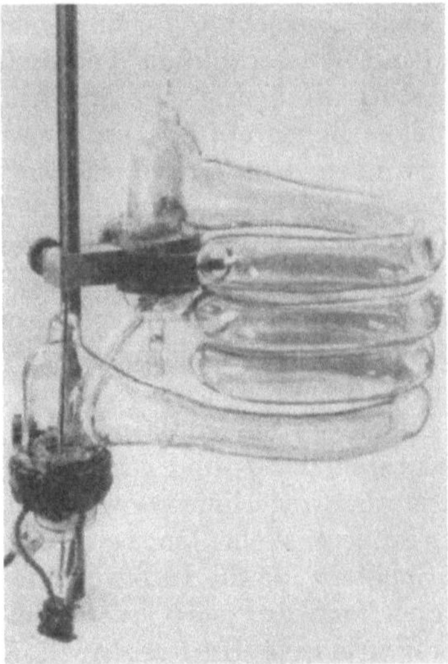

Abb. 44
Toronto-Brenner

Werten ergibt sich die geringste Schwankung der Intensität der *e*-Linie in Abhängigkeit von Stromstärke und Elektrodentemperatur (Abb. 45). Zum Zünden wird zwischen Katode und Zündelektroden ein Hochspannungsfunken entladen, z. B. aus einer Autozündspule, über die ein auf 220 V aufgeladener Kondensator von einigen μF Kapazität entladen wird. Vor dem Zünden muß der Brenner vorgeheizt werden. Hierzu wird das Kühlwasser in den Elektroden auf etwa 80 °C erwärmt und die Wendel durch einen Strahler oder heißen Luftstrom auf über 100 °C aufgeheizt.

Glasbrenner haben eine geringere Lebensdauer als Quarzbrenner. Sie sind auch empfindlicher gegenüber thermischen Belastungen. Andererseits bringt der Betrieb von Quarzbrennern mehrere Unbequemlichkeiten mit sich, da die äußerst intensive UV-Strahlung vollständig nach außen abgeschirmt werden muß und eine Absaugvorrichtung für das gebildete Ozon erforderlich ist. Gummischläuche dürfen der direkten Bestrahlung nicht ausgesetzt werden, weil sie sonst rasch brüchig werden.

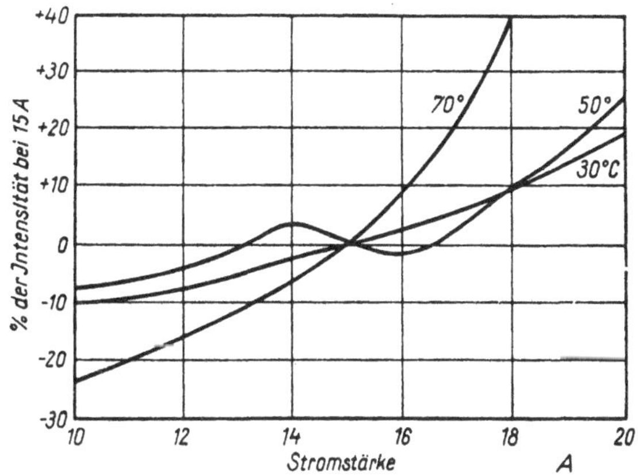

Abb. 45 Charakteristik des Toronto-Brenners [64]

Bei einer längeren Brenndauer (mehrere hundert Stunden) oder zu großer Stromdichte treten bei Glasbrennern bleibende Veränderungen auf, die zu einer Zersetzung des Glases unter Bildung eines braunen Belages und Gasabgabe führen. Der Belag soll aus Gemischen von Silizium und Siliziumoxyd bestehen. Der abgegebene Sauerstoff verschlechtert das Vakuum. Bei Drücken über 10^{-3} Torr läßt sich der Brenner nicht mehr zünden und muß regeneriert werden. Bei Quarzbrennern treten diese Erscheinungen erst bei viel längerem Betrieb und höheren Belastungen auf.

Um die Lichtausbeute zu erhöhen, hat man Torontobrenner gebaut, die eine Doppelwendel enthalten, wobei die innere Wendel von Kühlwasser durchströmt wird. Auf diese Weise läßt sich die Stromstärke auf 25 A erhöhen. Es sind auch vollständig wassergekühlte pilzförmige Brenner beschrieben worden [66], bei denen die Entladung zwischen zwei konzentrischen Zylindern vor sich geht und der äußere Zylinder außen verspiegelt ist. Die erreichbaren Stromstärken sind höher, doch der Lichtbogen füllt den Raum nicht immer gleichmäßig aus, so daß bei photelektrischen Geräten störende Intensitätsschwankungen auftreten können. Bei photographischen Apparaturen sind diese Schwankungen belanglos. Für die Aufnahme der Raman-Spektren von Festkörpern und Gasen werden meist Brenner anderer Form verwendet.

4.5.2. Streurohranordnungen

Die zu untersuchende flüssige Substanz oder ihre Lösung in einem geeigneten Lösungsmittel wird in einem Streurohr untergebracht, das vom Brenner allseitig radial bestrahlt wird, also z. B. beim Toronto-Brenner in der Achse der Wendel angeordnet ist. Man verwendet meist zylindrische Glasrohre, deren eine Seite durch ein aufgekittetes planparalleles Glasfenster abgeschlossen ist, während sich an der anderen Seite die durch Schliffstopfen verschließbare Einfüllöffnung befindet. Sie liegt außerhalb der Bestrahlungszone und wird durch Schwärzung gegen einfallendes Licht geschützt. Die Raman-Strahlung verläßt das Streurohr durch das Fenster und wird dem Eintrittsspalt des Monochromators bzw. Spektrographen zugeleitet. Bei Brennern mit senkrechter Achse sind die Streurohre gerade, bei waagerechter Anordnung ist das hintere geschwärzte Ende mit dem Einfüllstutzen nach oben gebogen.

Bei der Streurohranordnung hat man es mit einem Volumenstrahler zu tun. Die Intensität der Raman-

Streustrahlung hängt außer von der Intensität der eingestrahlten Erregerwellenlänge von der Zahl der streuenden Moleküle ab. Selbstverständlich ist nur der Teil der Streustrahlung für die Registrierung des Spektrums nutzbar, der den Empfänger erreicht. Um die Apertur des Monochromators möglichst gut auszuleuchten, gelten für die Dimensionierung des Streurohrs bestimmte optimale Bedingungen. Man muß zunächst unterscheiden zwischen Anordnungen, bei denen das Streurohraustrittsfenster direkt vor den Eintrittsspalt gestellt, und solchen, bei denen eine Abbildung mit Linse verwendet wird. Die Wahl der einen oder anderen Aufstellung hängt vom Bau der Raman-Lampe und der Form des Brenners ab. Bei Raman-Lampen mit stabförmigen Brennern oder Torontobrennern mit waagerechter Achse läßt sich die direkte Anordnung ohne Zwischenoptik grundsätzlich verwenden, doch zieht man auch in diesen Fällen oft die Zwischenabbildung vor, da hierdurch die Möglichkeit gegeben ist, das störende Streulicht infolge von Reflexionen an der Streurohrwandung auszublenden. Allerdings tritt dabei ein bisweilen recht erheblicher Intensitätsverlust ein. Bei senkrechten Anordnungen ist stets eine Zwischenoptik erforderlich. Experimentelle Ergebnisse haben gezeigt, daß bei direkt vor dem Spalt stehendem Streurohr etwa die doppelte Intensität der Raman-Linien erzielt wird als mit Abbildung, da durch die Reflexion an der Streurohrwandung der Winkel der für die Ausleuchtung in Betracht kommenden Streustrahlung vergrößert wird. Bei Messungen des Intensitätsverhältnisses von Raman-Linien zu Rayleigh-Linien ist eine vollständige Eliminierung der Streustrahlung der Wände notwendig, und man muß mit Abbildung arbeiten.

Die für eine optimale Ausleuchtung des Spektrographen notwendigen Bedingungen wurden von Nielsen eingehend untersucht [67, 68]. Er ging dabei von dem Lichtstrom I aus, den ein Volumenelement der Streurohrflüssigkeit nach allen Seiten aussendet, und berechnete den Teil, der in die Apertur des Kollimators fällt. Dieser Lichtstrom Φ ergibt sich dann zu:

$$\Phi = 2\,swablI/nf^2.$$

Hierin bedeuten $2\,s$ die Spalthöhe, w die Spaltbreite, a und b die Seiten der rechteckigen Kollimatorapertur, l die Streurohrlänge, n den Brechungsindex der Streuflüssigkeit und f die Kollimatorbrennweite. Man ersieht daraus, daß der Lichtstrom mit der Streurohrlänge zunimmt, vorausgesetzt, daß der Streurohrdurchmesser auch groß genug ist, um eine Ausleuchtung des Kollimators zu ermöglichen. Die Praxis zeigt jedoch, daß auch bei viel kleinerem Streurohrdurchmesser infolge der Vielfachreflexion der Strahlung an den Wandungen weitgehende Proportionalität des Lichtstroms mit zunehmender Streurohrlänge besteht.

Für die Abbildung mit einer Linse fand NIELSEN ein Optimum, wenn das hintere Ende der wirksamen Streurohrlänge auf dem Spalt, das vordere Fenster auf dem Kollimator abgebildet wird. Diese Beziehung gilt für Streurohre, deren Durchmesser $2\,h \gtreqless 2\,s$ ist. Für den besonderen Fall $h = s$ besteht eine zweite Möglichkeit, nämlich das Streurohr nahe an den Spalt zu rücken und dort eine Linse anzubringen, die das hintere Ende am Kollimator abbildet. Für das Streurohr berechnete NIELSEN auch eine optimale Länge l bei gegebenem Spektrographen und gegebener Brennweite der Abbildungslinse. Die Berechnungen wurden von HANSEN [69] durch Einführung eines Lichtleitwertes erweitert. Für den Fall, daß man das Streurohr aus räumlichen Gründen nicht ganz nahe an den Spalt bringen kann, wurde auch versucht, die Abbildungslinse durch ein innen verspiegeltes Rohr zwischen Streurohr und Spalt zu ersetzen. Der Intensitätsgewinn macht sich dann bei zunehmendem Abstand vom Spalt stärker bemerkbar.

Um das bei zylindrischen Streurohren oft recht große Probevolumen (etwa 10 ccm) zu verkleinern, wurden flache Streurohre konstruiert [70], die aus zwei in einem Abstand von wenigen Zehntel Millimetern zusammengekitteten Quarzscheiben bestehen. Durch Totalreflexion an den Innenwandungen wird mit einem Volumen von 0,14 ccm ein Drittel der Intensität erzielt wie mit einem zylindrischen 5-ccm-Rohr unter gleichen Registrierbedingungen.

Zur Steigerung der Intensität bei zylindrischen Streurohren wurden diese am dem Spalt abgewendeten Ende mit Plan- bzw. Hohlspiegeln abgeschlossen. Bei einem Hohlspiegel, dessen Brennweite gleich der halben Streurohrlänge ist, beträgt der Intensitätsgewinn im günstigsten Fall den Faktor 2, während mit Planspiegel höchstens 1,6 erzielt wird. Einen weiteren Intensitätsgewinn erhält man mit Streurohren, die auch am Austrittsfenster mit einem Hohlspiegel der Brennweite $l/2$ abgeschlossen sind, der nur zur Hälfte verspiegelt ist. Auf diese Weise wird eine Vierfachreflexion erreicht [70].

Alle zylindrischen Streurohre haben den Nachteil, daß der größte Teil der Streustrahlung links und rechts auf die Spaltbacken fällt, während nur ein sehr kleiner Bruchteil durch den Spalt den Kollimator erreicht. Ein großer Teil des Volumens ist unwirksam und stellt einen unnützen Substanzverbrauch dar. Deshalb wurde vorgeschlagen, die Form des Streurohrs so auszuführen, daß sie den Ausleuchtungsverhältnissen des Spektrographen entspricht. Dabei ergeben sich jedoch Körper mit trapezförmigen Seitenflächen, die sich schwer herstellen lassen, weshalb man die Verwendung paralleler Streurohre mit rechteckigem Querschnitt und eine anamorphotische Abbildung mittels Zylinderlinse empfahl. Obwohl die theoretische Berechnung derartiger Streurohrformen Intensitätsgewinne verspricht, haben sie sich nicht durchgesetzt, weil sich mit den sogenannten Bildzerlegern (image-slicer) weit bessere Ergebnisse erzielen lassen.

4.5.3. Bildzerleger

Allen Bildzerlegern kommt die Aufgabe zu, den kreisrunden Streurohrquerschnitt so umzuformen, daß möglichst viel Streustrahlung durch den Monochromator-Eintrittsspalt fallen kann. Im Idealfall müßte also ein Kreis als schmales Rechteck abgebildet werden, das der Fläche der Spaltöffnung entspricht. So könnte man zu sehr kleinen Streurohrdurchmessern gelangen, was eine beträchtliche Substanzeinsparung bedeutet, da das Volumen mit dem Quadrat des Streurohrdurchmessers abnimmt.

Beim image-slicer nach White [70] wird durch ein System aus zweimal drei Prismen die rechts und links auf die Spaltbacken fallende Strahlung nach oben bzw. unten abgelenkt, während das in die Spaltöffnung fallende Licht durch einen Spalt zwischen den Prismen frei hindurchfällt. Man erhält so bei gleichem Streurohrdurchmesser die dreifache Spalthöhe ausgeleuchtet. Größe und Winkel der Prismen hängen unter anderem vom Brechungsindex der verwendeten Glassorte ab [71]. Da die geometrische Weglänge der nach oben und unten umgelenkten Strahlen größer ist als die des mittleren Strahles, würden sich Fehler bei der Abbildung auf dem Spalt ergeben, die jedoch durch die um den Faktor n kürzere optische Weglänge im Glas kompensiert werden können. Die Bedingung ist nur für eine Wellenlänge streng erfüllt, doch spielen die Abweichungen praktisch keine Rolle, wenn Kronglas geringer Dispersion gewählt wird. Da die Weglänge im Glas über 50 mm betragen kann, ist die Verwendung einer besonders farblosen Glassorte erforderlich.

Ein Bildzerleger, mit dem sich der Streurohrquerschnitt in eine weit größere Zahl von Streifen zerschneiden läßt, die übereinander auf dem Spalt abgebildet werden, wurde von Cary [72] beschrieben. Durch eine Kombination von Zylinderlinsen mit waagerechter bzw. senkrechter Achse werden bis zu 20 Teilbilder übereinandergesetzt, so daß sich mit einem Streurohr von nur 5 mm Durchmesser ein 100 mm hoher Spalt ausleuchten läßt. Schneidet man eine Linse in lauter schmale parallele Streifen und kittet sie auf einer Glasplatte so auf, daß jeder Streifen gegen den vorhergehenden um einen bestimmten Betrag versetzt ist, dann kann man eine Abbildung des Streurohrdurchmessers erreichen, bei der die einzelnen Streifen um den Durchmesser gegeneinander versetzt sind. Ein zweites, zu dem ersten senkrecht stehendes System schiebt die Streifen übereinander. Diese Anordnung hat gegenüber der obigen den Vorteil, daß abgesehen von der großen Zahl der Teilbilder nur geringe Glasdicken durchstrahlt werden, was die Absorptionsverluste auf ein Minimum beschränkt.

In letzter Zeit wurden Versuche unternommen, mit Hilfe der Faseroptik eine beliebige Umformung der Abbildungsverhältnisse auf einfache Art zu erzielen [73]. Ein Glasfaserbündel erhält an einem Ende die Form eines Spaltes, am anderen den kreisrunden Streurohrquerschnitt. Durch vielfache Totalreflexion in jeder einzelnen Faser wird das Licht weitergeleitet und verläßt die Faser unter dem gleichen Winkel. Bei der praktischen Ausführung werden die Glasfasern in einem festen Medium, z. B. Epoxydharz, eingebettet, da ja die Endflächen geschliffen und poliert werden müssen. Es hat jedoch einen höheren Brechungsindex als das verwendete Glas und ist nicht farblos. Bei normalen Glasfasern würde die Eigenschaft der Totalreflexion verlorengehen und die Strahlung im Kitt absorbiert werden. Deshalb benutzt man ummantelte Glasfasern, deren äußere Schicht aus einer Glassorte mit niedrigerem Brechungsexponenten besteht. Um die Fäden in der gewünschten Form festlegen zu können, wählt man Dicken von etwa 0,03 bis 0,1 mm, wobei die Mantelschicht nur wenige Prozente des Gesamtquerschnitts ausmachen soll. Bei dichtester Packung entfallen etwa 70 % des Bündelquerschnitts auf die Innenfäden. Da Weglängen von etwa 50 mm erforderlich sind, muß das Glas eine hohe Durchlässigkeit besitzen. Der Vorteil der Glasfaseroptik gegenüber den anderen Bildzerlegern besteht in der relativ einfachen Herstellung und der Möglichkeit, jede beliebige Transformation vorzunehmen. Als Nachteil erweist sich der geringe Wirkungsgrad, der bei dickerer Ummantelung, nicht ganz dichter Packung und Absorptionsverlusten im Glas unter 50 % abfallen kann.

Der Bildzerleger wird aus räumlichen Gründen meist in unmittelbarer Nähe des Streurohrs angebracht und durch eine Linse auf dem Spalt abgebildet. Für die Ausleuchtung gelten ebenfalls die von Nielsen gefundenen Beziehungen, wobei allerdings zu berücksichtigen ist, daß lange Streurohre mit kleinem Durchmesser verwendet werden, in denen die Streustrahlung durch Vielfachreflexion weitergeleitet wird. Der höhere Streulichtanteil der Wandung erfordert eine ausreichende Beseitigung im Monochromator.

4.5.4. Raman-Spektrographie mit photographischer Aufzeichnung

Die von einer Raman-Spektrallinie auf der Photoplatte erzeugte Schwärzung hängt nicht von dem Lichtstrom ab, sondern nur von der Beleuchtungsstärke, die auf der Platte erzeugt wird. Eine Vergrößerung der Spalthöhe durch Bildzerleger hat folglich keinen Sinn. Man wird vielmehr versuchen, die Strahlung möglichst auf eine kleine Spalthöhe zu konzentrieren. Wesentlich ist weiterhin die Lichtstärke des Kameraobjektivs. Bei einer gegebenen Apertur des Spektrographen (Prismengröße) bedeutet eine Erhöhung der Lichtstärke stets eine Verkürzung der Brennweite und damit eine Verringerung der Lineardispersion. Das Spektrum erscheint auf der Platte sehr kurz. Rein optisch steht einer Verkürzung der Brennweite und damit Erhöhung der Beleuchtungsstärke zwar nichts im Wege, doch setzt das Auflösungsvermögen der photographischen Emulsion eine natürliche Grenze. Während es bei geringempfindlichen Spektralplatten bei geeigneter Entwicklung 0,01 mm betragen kann, erreicht es bei den hochempfindlichen Agfa-Raman-Platten (19° DIN) nur etwa ein Drittel dieses Wertes. Eine zu kleine Spalthöhe bringt ebenfalls empfindliche Nachteile, auf die bei Besprechung der Registrierphotometer eingegangen werden soll. Lichtstarke Spektrographen benötigen sehr große Prismen hoher Dispersion. Oft wird der Dreiprismensatz nach FÖRSTERLING (Abb. 4b) verwendet. Ein besonders lichtstarkes Gerät [74] dieser Art ist mit einer SCHMIDT-Kamera ausgestattet. Mit solchen Spiegelobjektiven lassen sich Lichtstärken bis etwa 1:0,65 erreichen. Bei Linsenobjektiven von 120 mm Brennweite beträgt das Öffnungsverhältnis etwa 1 : 2,3, bei $f = 270$ mm etwa 1 : 5,6.

Mit der photographischen Anordnung lassen sich von flüssigen Proben sehr kleinen Volumens, die sich in Kapillarrohren befinden, noch gute Spektren aufnehmen. Auch bei schlecht streuenden Substanzen sind bei entsprechend langen Belichtungszeiten (von mehreren Stunden oder gar Tagen) noch schwache Raman-Linien erkennbar. Dabei machen sich aber der kontinuierliche Untergrund und das Streulicht oft recht störend bemerkbar.

Zur Unterdrückung des Untergrundes ist eine peinlichste Reinigung der Untersuchungssubstanz erforderlich, wobei das Vorhandensein grobdisperser Teilchen sowie fluoreszierender Bestandteile unbedingt vermieden werden muß. In manchen Fällen ist es notwendig, die Substanz direkt in das Streurohr einzudestillieren und dieses dann zuzuschmelzen. Schliffverbindungen dürfen nicht gefettet werden, da Hahnfett fluoreszierende Bestandteile enthält. Bisweilen läßt sich eine geringe Fluoreszenz durch Zugabe sogenannter Fluoreszenzlöscher, z. B. Nitrobenzol, beseitigen.

Verwendet man als Erregerlichtquelle einen Quecksilberbrenner, dann wirken mehrere starke Linien gleichzeitig als Erregerlinie, z. B. die a-, b-, c-, e- und k-Linie, manchmal auch noch die schwächeren Linien d, f, g und i.

Bei der Zuordnung der Raman-Linien zu den einzelnen Erregerwellen treten infolge der Überlappung oft Schwierigkeiten auf. Deshalb umgibt man das Streurohr mit einem Filtermantel, der nur eine einzige Erregerwellenlänge durchläßt. Die Ausfilterung der violetten *k*-Linie erreicht man leicht durch gesättigte Natriumnitrit-Lösung in etwa 1 cm Schichtdicke. Zur zusätzlichen Unterdrückung des kontinuierlichen Untergrundes zwischen *e*- und *d*-Linie sowie der *d*-, *c*-, *a*- und *b*-Linie sind Filterkombinationen erforderlich, die naturgemäß auch eine recht erhebliche Schwächung der Erregerwellenlänge verursachen, z. B. der meistverwendeten *e*-Linie. Deshalb ist es günstig, einen Brenner zu verwenden, bei dem das Intensitätsverhältnis bereits zugunsten der *e*-Linie verschoben und der kontinuierliche Untergrund sehr gering ist, also einen wassergekühlten Niederdruckbrenner. Es ist unbedingt zu beachten, daß Mischungen verschiedener Filterflüssigkeiten oft nicht lange beständig sind, besonders organische Farbstoffe. Es ist besser, den Filtermantel in mehrere getrennte Zonen zu unterteilen und die intensive ultraviolette und violette Strahlung im äußersten Mantel durch $NaNO_2$-Lösung zu entfernen.

Bei der quantitativen Auswertung der auf Photoplatten erhaltenen Raman-Spektren ergeben sich aus der Krümmung und Inkonstanz der Schwärzungskurve Fehler und Abweichungen, die selbst bei größter Sorgfalt und großem Zeitaufwand bei Konzentrationsbestimmungen oft $\pm$ 5 % übersteigen.

4.5.5. Lichtelektrische registrierende Raman-Spektrometer

Die ersten photoelektrischen Anordnungen zur direkten Registrierung von Raman-Spektren wurden in den Jahren 1942—1946 von Rank [75] gebaut. In den darauffolgenden Jahren erschien eine größere Zahl weiterer Berichte (Literatur bis 1955 vgl. [68]). Auch einige industrielle Geräte wurden auf den Markt gebracht. Dabei ist zunächst zu unterscheiden zwischen Apparaturen, die ursprünglich für die photographische Aufnahme vorgesehen waren und durch eine Zusatzeinrichtung auf lichtelektrischen Betrieb mit Registriereinrichtung umgestellt werden können, und solchen, die nur für die direkte Registrierung eingerichtet sind.

Jeder Raman-Spektrograph läßt sich auf lichtelektrischen Betrieb umstellen. Dazu wird an Stelle der Plattenkassette ein Adapter angebracht, an dem ein Austrittsspalt entlang der Plattenebene zur langsamen Abtastung des Spektrums vorgeschoben werden kann. Hinter dem Spalt befindet sich ein SEV, der gemeinsam mit dem Spalt auf dem Schlitten bewegt wird. Der Antrieb erfolgt über ein Stufengetriebe. Da ein beweglich angeordneter SEV infolge der Empfindlichkeit gegenüber Erschütterungen nicht bequem ist, kann er auch an einer Seite der Kamera fest eingebaut werden. Die Abtastung geschieht dann durch Verschiebung des Spaltes, hinter dem sich ein 90°-Umlenkprisma mit parallelisiertem Strahlengang befindet. Manche dieser Anlagen arbeiten noch mit Gleichlicht. Ein Beispiel ist der Steinheil-GH-Spektrograph mit der Registriereinrichtung von Preuss [76].

Beim Hilger-Spektrographen E 612 sind zwar normale photographische Aufnahmen möglich, jedoch läßt sich das Gerät auch in einen Monochromator verwandeln. Beim Betrieb als Spektrograph erfolgt die spektrale Zerlegung beim einmaligen Durchgang durch zwei hintereinander angeordnete Glasprismen und Aufnahme des Spektrums mit einer entsprechenden Kamera. Beim lichtelektrischen Registrierbetrieb wird die Kamera weggeschwenkt und durch einen Littrow-Spiegel mit Antrieb zur Wellenlängenabtastung ersetzt. Die Prismen werden daher in Autokollimation nochmals durchstrahlt und das monochromatische Licht in der Nähe des Eintrittsspaltes durch einen kleinen Planspiegel seitlich auf den Austrittsspalt gelenkt. Durch einen optischen Unterbrecher wird Wechsellicht erzeugt, das im SEV eine Wechselspannung hervorruft, die nach weiterer Verstärkung einen Tintenschreiber betreibt. Die Lichtschwankungen der Raman-Lampe werden von einer Photozelle aufgenommen und einem Kompensator zugeführt. Eine ähnliche Registriervorrichtung für den HILGER-Spektrographen wurde von KINELL [77] beschrieben. Wenn der Brenner mit Wechselstrom von 50 Hz betrieben wird, ist das Licht schon mit 100 Hz moduliert und ein weiterer Unterbrecher überflüssig. Der Gleichstrombetrieb bringt jedoch Vorteile, da die Unterbrecherfrequenz so gewählt werden kann, daß sie bei der Verstärkung nicht zu störenden Überlagerungen mit der Netzfrequenz führt. Außerdem ist die Ausbeute an Licht der Wellenlänge 4358 Å (*e*-Linie) relativ größer als bei Wechselstrombetrieb.

Die Arbeitsweise einer vollständigen lichtelektrischen Anlage zur direkten Registrierung von Raman-Spektren sei an Hand eines vom Verfasser konstruierten Geräts (Modell RS–1) erläutert. Als Lichtquelle dient ein Torontobrenner aus Quarz, der mit 220 V Gleichstrom gespeist wird. Er befindet sich in einem wassergekühlten Lampengehäuse, dessen Innenwand mit Magnesiumoxyd ausgekleidet ist. Das Streurohr steht in der senkrechten Mittelachse und ist von einem wassergekühlten Filtermantel mit Natriumnitritlösung umgeben. Vor dem Zünden wird das Quecksilber in den beiden Elektrodengefäßen durch Heizmäntel auf etwa 80 °C erhitzt und die Wendel durch eine Strahlungsheizung aufgeheizt. Das Zünden erfolgt durch Entladung eines auf 220 V aufgeladenen 50 μF-Kondensators über eine Autozündspule, deren Sekundärwicklung zwischen der geerdeten Katode und einer Zündelektrode in der Mitte der Wendel (100 kOhm-Schutzwiderstand) liegt. Nach Erreichen der richtigen Temperatur zündet der Brenner sofort. Ein Stromrelais schaltet die Heizungen und das Zündgerät ab, während sich ein Voltmeter zur Kontrolle der Brennspannung sowie ein Gebläse zur Luftkühlung der Wendel zuschalten. Der regelbare Vorwiderstand (8 bis 18 A) des Brenners ist von einem wassergekühlten Gehäuse umgeben, das sich am Beginn des Kreislaufs befindet, in dem auch die Elektrodenkühlungen des Brenners liegen. Ein Durchflußregler hält die Temperatur des die Elektrodengefäße verlassenden Wassers auf 50 °C konstant. Lampengehäuse und Filtermantel liegen in einem zweiten Kreislauf. Bei nachlassendem Wasserdruck ertönt ein akustisches Signal, ebenso bei zu hohem Wasserdruck. Bei Ausbleiben der Kühlung schaltet sich der Brenner automatisch ab, um Schäden zu vermeiden. Die normale Betriebsstromstärke beträgt 15 A bei einer Brennspannung von etwa 100 V. Die Raman-Streustrahlung wird durch das unten liegende Austrittsfenster über ein totalreflektierendes 90°-Prisma in Richtung des Monochromatorspaltes gelenkt. Unmittel-

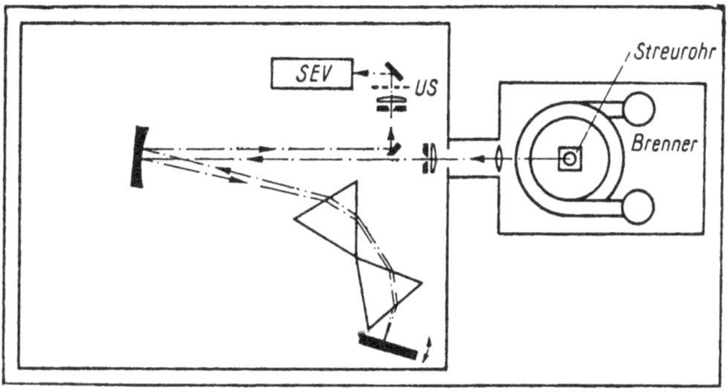

Abb. 46 Strahlengang des Raman-Spektrometers RS–1 [71]

bar unter dem Streurohrfenster befindet sich ein Bildzerleger nach WHITE [70], der bei einem Streurohrdurchmesser von 10 mm 30 mm Spalthöhe ausleuchtet. Eine am Streurohraustrittsfenster angebrachte Linse bildet das obere durch einen Hohlspiegel abgeschlossene Ende auf einer Zwischenlinse ab, diese wiederum das untere Ende auf dem Spalt. Eine vor dem Spalt stehende Linse erzeugt ein Bild der Zwischenlinse zwischen Kollimatorspiegel und Prisma (Abb. 46).

Der Monochromator enthält zwei 60°-Flintglasprismen mit 100 mm Basis und 80 mm Höhe in Littrow-Aufstellung. Die Kollimatorbrennweite beträgt 400 mm. Eine Linse hinter dem Austrittsspalt bildet den Kollimatorspiegel auf der Photokatode eines ausgesuchten SEV vom Typ M 12 FS 35 (VEB Carl Zeiss, Jena) ab. Ebenfalls hinter dem Austrittsspalt befindet sich eine rotierende Unterbrecherscheibe, die das Licht mit 1000 Hz moduliert. Der Wellenlängenvorschub erfolgt synchron mit der Drehung der Registriertrommel über ein Wechselgetriebe auf eine Schablonenscheibe (Archimedische Spirale), die durch einen Abtasthebel eine Drehung des Littrow-Spiegels hervorruft.

Das vom SEV gelieferte Wechselspannungssignal wird zunächst von einem in unmittelbarer Nähe des SEV angebrachten Resonanzverstärker mit regelbarer Bandbreite verstärkt und dann phasenempfindlich gleichgerichtet. Die 1000 Hz-Referenzspannung wird von der rotierenden Sektorscheibe auf lichtelektrischem Wege abgenommen. Hinter der Gleichrichtung läßt sich die Zeitkonstante durch ein variables RC-Glied in weiten Grenzen wählen. Ein eingebauter Potentiometerschreiber registriert das Verhältnis des Signals zu einer Vergleichsspannung auf der Trommel. Die Vergleichsspannung kann auch einem Kompensator entnommen werden, der von einer im Lampengehäuse untergebrachten Photozelle gesteuert wird und den Einfluß der Schwankungen der Brennerintensität eliminiert.

Zur Charakterisierung der Leistungsfähigkeit einer Monochromatoranordnung berechnete STRONG [18] den hindurchgehenden Lichtstrom.

$$\Phi \sim T A D\, 2s/f.$$

Dieser Ausdruck läßt sich als Gütefaktor zum Vergleich verschiedener Geräte verwenden. Die Durchlässigkeit T ergibt sich aus dem Reflexionsvermögen der Spiegel, den Reflexionsverlusten an den Glasflächen und den Absorptionsverlusten in den Prismen, die Apertur A aus der Projektion der Prismenfläche auf den Kollimatorspiegel. D bedeutet die Winkeldispersion und $2s/f$ das Verhältnis von Spalthöhe zur Kollimatorbrennweite. Für das oben beschriebene RS–1 ergeben sich folgende Werte:

$$A = 33{,}6\ \mathrm{cm}^2 \qquad 2s/f = 0{,}05$$
$$2s = 2\ \mathrm{cm} \qquad D = 254 \cdot 10^{-6}\ rad/\text{Å}$$
$$f = 40\ \mathrm{cm} \qquad T = 0{,}23$$
$$TAD\,\frac{2s}{f} \cdot 10^5 = 10{,}0.$$

Die in Tab. 2 von [68] verglichenen Spektrographen ergeben Werte zwischen 2,3 und 8,6. Für die tatsächliche Leistungsfähigkeit eines lichtelektrischen Raman-Spektrometers sind jedoch noch andere Faktoren entscheidend, wie die Leistung der Raman-Lampe, die Streurohranordnung (Volumen) und die Güte des SEV. Beim Vergleich verschiedener Geräte muß man von den gleichen Voraussetzungen ausgehen und das Signal-Rausch-Verhältnis einer bestimmten Raman-Linie messen, z. B. der 992 cm^{-1}-Benzol-Linie oder der 459 cm^{-1}-Linie von Kohlenstofftetrachlorid. Die Spektren müssen jeweils bei gleicher spektraler Spaltbreite und gleicher Registriergeschwindigkeit aufgenommen sein und sich auf das gleiche Probevolumen beziehen. Hieraus ist verständlich, daß ein einwandfreier Vergleich verschiedener Anordnungen schwer möglich ist.

Die weitaus leistungsfähigste Apparatur ist das Cary-Raman-Spektralphotometer Modell 81 der Applied Physics Corporation [72]. Es enthält einen besonders langen Torontobrenner mit waagerechter Achse. Das Streurohr leuchtet mittels des bereits erwähnten Bildzerlegers einen 10 cm hohen Spalt aus, der außerdem noch nach Shurcliff [79] als Doppelspalt ausgeführt ist und so eine effektive Spalthöhe von 20 cm ergibt. Der Doppelmonochromator mit 1 m Kollimatorbrennweite enthält zwei Gitter mit 1200 Strichen pro mm (blaze-Winkel für 4500 Å in erster Ordnung) und einer geteilten Fläche von $10 \times 10\ \mathrm{cm}^2$ *). Ein rotierender Sektorspiegel führt die aus

*) Eine vergleichbare Optik besitzt nur noch das sowjetische Raman-Spektrometer DFS-12.

dem Austrittsspalt kommende Strahlung abwechselnd mit 30 Hz zwei SEV zu, deren Signale später vereinigt werden. Dadurch wird die sonst bei Wechsellichtgeräten verlorengehende Hälfte der Strahlung mit genutzt. Ein dritter SEV erhält über den gleichen Sektorspiegel einen abgeschwächten Teil der direkten Lampenstrahlung und dient zur Erzeugung des Vergleichssignals, so daß Intensitätsschwankungen des Brenners ausgeregelt werden. Der Gütefaktor übersteigt den aller anderen bekannten Geräte um etwa eine Größenordnung. Die Streulichtfreiheit des Doppelmonochromators ist so gut, daß selbst Spektren von trüben Proben noch registriert werden können. So wird z. B. demonstriert, daß nach Zusetzen einer bestimmten Menge Milch zu einer Substanz praktisch keine Änderung im registrierten Raman-Spektrum wahrnehmbar ist.

Die Reproduzierbarkeit der meisten lichtelektrischen Raman-Spektrometer wird mit 1 bis 3 % angegeben, doch gibt es auch Firmen, die Werte von 0,5 % (Perkin-Elmer) oder 0,2 % beanspruchen.

4.5.6. Festkörper-Anordnungen

Zur Untersuchung der Raman-Spektren fester Substanzen sind ganz andere Streuanordnungen erforderlich als bei flüssigen Proben. Bei pulverförmigen mikrokristallinen Stoffen ist der durch diffuse Reflexion an der Oberfläche der Teilchen verursachte Anteil an Streulicht der Erregerwellenlänge sehr hoch, während die Raman-Streustrahlung durch den gleichen Effekt größere Schichtdicken nicht durchdringen kann. Deshalb lassen sich keine langen Streurohre verwenden, und die für diese konstruierten Brennerformen hätten für Festkörperuntersuchungen einen sehr schlechten Wirkungsgrad.

Obwohl viele Versuche unternommen worden sind, Quecksilber-Hochdruckbrenner großer Leuchtdichte und kleiner Dimension einzusetzen, hat man sich auch hier in den letzten Jahren für den Niederdrucktyp entschieden, da der kontinuierliche Untergrund der Hochdruckentladung stört. Im wesentlichen wurden zwei Brennertypen mit kleiner, annähernd punktförmiger Leuchtfläche hoher Intensität verwendet [80, 81]. Beim ersten Typ wird ein wassergekühlter Quarzbrenner in Längsrichtung verwendet, wobei das senkrecht zur Rohrachse aufgeschmolzene Fenster aus dem Kühlmantel herausragt.

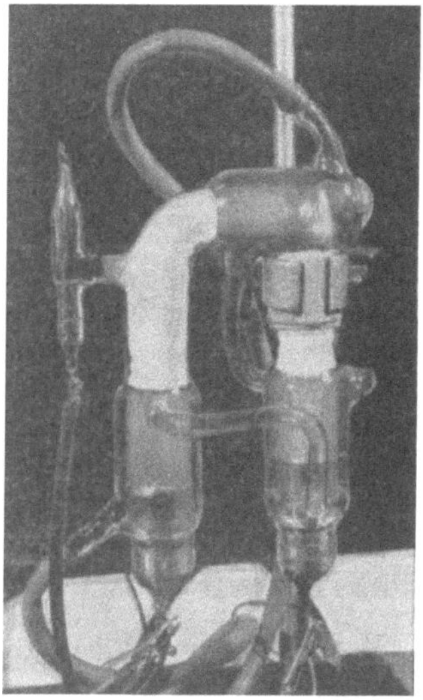

Abb. 47
Quecksilberdampfbrenner kleiner Leuchtfläche

Der zweite Typ (Abb. 47) enthält zwischen den Elektrodengefäßen eine Einschnürstelle, aus der die sehr intensive Strahlung durch ein nichtgekühltes Fenster nach außen gelangt, während Elektroden und Einschnürstelle wassergekühlt sind. Untersuchungen bestätigten den Niederdruckcharakter der Entladung [82].

Die Anordnung der Substanz kann auf verschiedene Art vorgenommen werden. Nach SIMON [83] bedeckt sie in dünner Schicht einen Kegelmantel, der allseitig wie ein

Flüssigkeitsstreurohr bestrahlt wird, während die Streustrahlung in Achsrichtung beobachtet wird. Nach Schrader [84] wird die Probe zu einer Tablette geeigneter Dicke und Körnung gepreßt und entweder im reflektierten oder im durchgelassenen Licht untersucht. Auch eine kombinierte Methode mit zwei Tabletten ist versucht worden. Bergmann [85] verwandte eine Ulbrichtsche Kugel, die mit der Substanz überzogen oder gefüllt war. Das Erregerlicht wird durch einen schmalen Spalt eingestrahlt und senkrecht dazu die Raman-Streustrahlung beobachtet. Vergleiche der Methoden ergeben, daß sich mit Kegelküvette und Tablette etwa gleiche Resultate erzielen lassen, während die Kugelmethode (kleiner Glaskolben) einen etwas stärkeren Untergrund verursachte. Die Präparationstechnik hängt aber sehr von der Substanz ab.

Infolge des äußerst starken diffusen Streulichtes ist eine sehr wirksame Filterung von Erregerlicht und Streulicht erforderlich. Zunächst wird durch Metallinterferenzfilter geringer Bandbreite die Erregerlinie ausgefiltert. Bei der Beobachtung der Raman-Strahlung wird ein gleiches Filter als Spiegel verwendet, wobei alle Wellenlängen außer der Erregerwellenlänge reflektiert werden, diese aber durchgelassen wird und folglich nur zu einem sehr geringen Teil in den Spektrographenspalt gelangen kann. Dabei tritt selbstverständlich ein erheblicher Lichtverlust ein, der gegenüber flüssigen Proben lange Belichtungszeiten zur Folge hat. Deshalb wird die lichtelektrische direkte Registrierung z. Z. noch selten angewandt.

4.5.7. *Weitere Spezialmeßeinrichtungen der Raman-Spektroskopie*

Zur Untersuchung des Rotations-Ramaneffektes von gasförmigen Substanzen sind Spezialapparaturen notwendig. Da die Raman-Streustrahlung proportional der Zahl der streuenden Moleküle ist, hat man bei den gegenüber Flüssigkeiten um den Faktor 10^3 geringeren Dichten der Gase mit sehr großen Probevolumina bzw. langen Streurohren zu rechnen. Infolge der geringen Frequenzunterschiede der Rotationslinien sind Spektrographen hoher Dispersion erforderlich, weshalb Gittergeräte bevorzugt werden. Ihre oft recht geringe Lichtstärke bedingt sehr lange Belichtungszeiten. Die Quecksilberbrenner haben langgestreckte Form. Von SCHREIBER [65] wurde ein haarnadelförmiger Brenner beschrieben, der ein 1 m langes Streurohr von zwei Seiten beleuchtet. Die Streurohre sind ähnlich den IR-Langweg-Küvetten gebaut. Durch Mehrfachreflexion an eingebauten Hohlspiegeln in justierbarer Halterung lassen sich Weglängen von vielen Metern erzielen. Eine Grenze wird nur durch die mit zunehmender Zahl der Reflexionen ansteigenden Reflexionsverluste gesetzt, so daß eine weitere Erhöhung der Weglänge schließlich zu einer Abnahme der Intensität der Raman-Linien führt.

Bei Strukturuntersuchungen wird die Zuordnung der verschiedenen Raman-Frequenzen zu bestimmten Molekülschwingungen durch Kenntnis des Depolarisationsgrades erleichtert [4]. Unter dem Depolarisationsgrad ϱ versteht man das Verhältnis der Intensitäten der parallel zur x- und z-Richtung schwingenden Komponenten der Raman-Strahlung, wenn die Beobachtungsrichtung mit y bezeichnet wird:

$$\varrho = \frac{J_x}{J_z}.$$

Zur Messung des Depolarisationsgrades kann entweder die Streustrahlung mit einem Analysator (NICOLsches Prisma oder Polarisationsfilter) auf ihren Polarisationszustand untersucht werden, wobei die Einstrahlung mit unpolarisiertem Licht erfolgt, oder es wird bereits die Erregerstrahlung polarisiert eingestrahlt und die Raman-Strahlung normal beobachtet. Im zweiten Fall, der heute bei direktregistrierenden Geräten meist angewandt wird, umgibt man das Streurohr mit zylindrischen Polarisationsfolien, die entweder nur die x- oder nur die z-Komponente durchlassen (linear polarisiertes Licht). Da der Polarisationsgrad vom Einfallswinkel abhängt, muß für weitestgehend senkrechten Einfall gesorgt werden [86]. Zur Ausschaltung des vom Brenner in schräger Richtung auf das Streurohr fallenden Lichts wird es mit in engem Abstand angeordneten geschwärzten kreisringförmigen Scheiben umgeben. Dabei tritt selbstverständlich ein Lichtverlust ein, zusätzlich zu dem 50%igen Verlust durch das Polarisationsfilter. Bei genauen Messungen des Depolarisationsgrades ist zu berücksichtigen, daß infolge der Reflexionen im Spektrographen bereits eine für jedes Gerät unterschiedliche teilweise Polarisation der Strahlung eintritt, die auch sonst bei genauen Intensitätsmessungen eine Fehlerquelle darstellt. Das Intensitätsverhältnis von polarisierten zu depolarisierten Raman-Linien kann durch diese Erscheinung bei Spektren verschiedener Herkunft Schwankungen unterliegen.

Schließlich soll noch auf eine Erscheinung hingewiesen werden, die in den letzten Jahren zunehmend an Bedeutung gewonnen hat, den Resonanz-Raman-Effekt. Er wurde besonders auch in der Sowjetunion von Shorygin untersucht (Literaturübersicht [87]). Während man früher der Meinung war, daß die zu untersuchende Substanz in dem Beobachtungsbereich des Raman-Spektrums keine Absorptionsbanden besitzen darf, da sonst die an sich schwache Streustrahlung vollständig absorbiert werden würde, wurde nun die Entdeckung gemacht, daß gerade in der Nähe starker Absorptionsbanden eine beträchtliche Intensitätszunahme der Raman-Linien erfolgt, oft um mehrere Zehnerpotenzen. Daß der Effekt erst so spät entdeckt wurde, liegt daran, daß diesem Intensitätsgewinn ja die Eigenabsorption des Stoffes entgegenwirkt. Infolge der hohen Intensitätsverstärkung ist die Nachweisempfindlichkeit beim Resonanz-Raman-Effekt sehr groß. Man arbeitet mit niedrigen Konzentrationen, bei denen die Absorptionsverluste nicht so stark in Erscheinung treten. Apparativ ergeben sich dabei keine Besonderheiten gegenüber der normalen Anordnung hoher Empfindlichkeit. Lediglich macht sich eine jeweilige Anpassung der Erregerwellenlänge an die Absorption der zu untersuchenden Substanz notwendig.

4.6. Registrierphotometer

Zur Schwärzungsmessung der auf Photoplatten aufgenommenen Spektren bedient man sich eines Photometers, z. B. des Schnellphotometers (VEB Carl Zeiss, Jena). Die Auswertung eines linienreichen Spektrums ist mühevoll und langwierig, da ja außerdem noch die Messung der genauen Wellenlängen hinzukommt (z. B. mit dem Abbe-Komparator). Deshalb verwendet man Registrierphotometer, mit denen das genaue Linienprofil abgetastet wird und gleichzeitig auf dem Diagramm die Wellenlänge abgelesen werden kann. Komplette Registrierphotometer sind oft sehr teuer, doch läßt sich mit geringem Aufwand jedes Schnellphotometer in ein vollwertiges Registrierphotometer umwandeln. Die vom Verfasser gewählte Anordnung zeigt Abb. 48. Da das im Zeiss-Schnellphotometer eingebaute Selen-Photoelement als Signalquelle für einen Potentiometerschreiber ungünstig ist, wurde es durch Einbau einer Schlittenführung gegen eine Vakuumphotozelle austauschbar eingesetzt. Der Wechsel läßt sich innerhalb weniger Sekunden ausführen. Der Photostrom wird von einem Potentiometerschreiber, dessen Eingang an den hochohmigen Arbeitswiderstand der Photozelle angepaßt ist und die Möglichkeit der Dunkelstromkompensation zuläßt, auf einem Bandschreibwerk registriert. Der Plattentisch wird über ein Vierstufengetriebe von einem Synchronmotor (ebenso wie das Schreibwerk) angetrieben. Dabei greift ein auskuppelbarer Mitnehmer in die Laufmutter einer Präzisionsspindel ein. Ein Endanschlagausschalter schützt das Getriebe vor mechanischer Beschädigung. Jederzeit ist durch die Kupplung eine sofortige Umstellung auf manuellen Betrieb möglich. Die vier Vorschubgeschwindigkeiten des Plattentisches von 0,5; 1; 2 und 4 mm pro Minute sind für alle vorkommenden Plattengrößen und Lineardispersionen ausreichend und mit der Abgleichgeschwindigkeit des Schreibers abgestimmt. Die Papiervorschubgeschwindigkeit läßt sich ebenfalls in vier Stufen variieren (400, 600, 1200, 2400 mm pro Stunde). Die

Abb. 48 Registrierzusatz zum Zeiss-Schnellphotometer

Empfindlichkeit der Registriereinrichtung ist größer als die des eingebauten Galvanometers mit Selen-Photoelement.

Die Reproduzierbarkeit der Anzeige ist bei der beschriebenen Apparatur besser als $\pm 1\,\%$, während die durch die Photoplatte bedingten Unsicherheiten weit größer sein können. Da die Raman-Spektren zwecks Verkürzung der Belichtungszeiten auf hochempfindliche Emulsionen in kleinem Abbildungsmaßstab aufgenommen werden, macht sich die Körnung störend bemerkbar. Die registrierte Kurve erhält ein Aussehen, das mit dem Rauschen eines elektronischen Verstärkers vergleichbar ist. Die an dem Photometerspalt vorbeiwandernden Spektrallinien sehen infolge der notwendigen starken Vergrößerung wie Anhäufungen von Silberkörnern aus. Das Photometer bildet nun einen Mittelwert der Durchlässigkeit, der um so größeren Schwankungen unterliegt, je kleiner das Verhältnis von Spaltfläche zum Querschnitt eines Silberkorns ist. Da die Spaltbreite zur exakten Wiedergabe des Linienprofils nicht größer als etwa ein Fünftel der Linienbreite gewählt werden darf [98], kann das „Signal-Rausch-Verhältnis" lediglich durch eine Vergrößerung der Spalthöhe verbessert werden. Abgesehen davon, daß beim Arbeiten mit kleinen Probevolumina nur eine geringe Spalthöhe ausgeleuchtet werden kann, stört bei größeren Spalthöhen die bei Prismengeräten stets auftretende Krümmung der Spektrallinien, der man nur durch Einsetzen gekrümmter Photometerspaltbacken Rechnung tragen kann. Durch das mangelnde Auflösungsvermögen der photographischen Emulsion sind dem Verfahren natürliche Grenzen gesetzt.

4.7. Integratoren

Beim Vergleich der mit verschiedenen Geräten gewonnenen Intensitätswerte von Absorptionsbanden und Raman-Linien ergeben sich meist größere Differenzen. Aber auch schon mit ein und demselben Gerät unter verschiedenen Bedingungen von der gleichen Substanz erhaltene Spektren weisen größere Unterschiede auf. Während sich bei flüssigen Proben mit hochwertigen Geräten die Banden noch in ihrer natürlichen Form registrieren lassen, reicht das Auflösungsvermögen nicht aus, um die schmaleren Banden vieler Festkörper und der Gase unverfälscht darzustellen. Das Intensitätsmaximum ist dann nicht mehr ein eindeutiges Maß für die Stärke der Bande. Das Intensitätsverhältnis zweier Banden kann sich sogar scheinbar umkehren, wenn mit verschiedenem Auflösungsvermögen registriert wird. Ist die Bande mit dem höheren Maximum schmal, die niedrigere hingegen breit, so wird zwar bei kleiner spektraler Spaltbreite das Verhältnis richtig wiedergegeben, bei größer werdenden spektralen Spaltbreiten nimmt aber die Höhe der schmalen Bande wesentlich rascher ab als die der breiten Bande, so daß sie schließlich kleiner erscheint. Um derartige Unstimmigkeiten auszuschalten und zu einer Möglichkeit des Vergleichs von Intensitätsangaben verschiedener Herkunft zu gelangen, hat sich die Bestimmung der Bandenfläche als zweckmäßig erwiesen.

Den von einer Bande umschriebenen Flächeninhalt erhält man durch Integration. Der Abszissenmaßstab ist dabei linear in Wellenzahlen zu wählen, da nur so die Bandenform symmetrisch wiedergegeben wird. Bei Geräten mit wellenlängenlinearer Darstellung läßt sich eine Umrechnung des Integrals über der Wellenlänge in das über der Wellenzahl vornehmen [88]:

$$\int E\,d\nu \approx \frac{K}{\lambda_0^2}\int E\,d\lambda .$$

Hierin bedeuten E die Extinktion, λ_0 die Wellenlänge des Bandenmaximums und K eine Funktion der Bandenbreite. Bei Absorptionsspektren ist eine vorherige Umzeichnung des Ordinatenmaßstabes in lineare Extinktion erforderlich, während bei Emissionsspektren (Raman-Spektrum) eine direkte Integration der Intensitätswerte möglich ist. Als vergleichbarer Wert (Stoffkonstante) erscheint dann bei Absorptionsspektren der integrale Extinktionskoeffizient.

$$A = \int \varepsilon\,d\nu = \frac{1}{cd}\int E\,d\nu \qquad [c \text{ in Mol/l}],$$

$$B = \int a\,d\nu = \frac{1}{cd}\int E\,d\nu \qquad [c \text{ in g/ccm}].$$

Bei Raman-Spektren wählt man als Vergleichsgröße das Verhältnis der integrierten Intensität einer Bande zur integrierten Intensität einer Bezugsbande, z. B. der CCl_4-Bande 459 cm^{-1}, wobei jedoch bei der Wahl der Bezugsbande Polarisationseffekte zu berücksichtigen sind. Für relative Messungen kann man bei Infrarot-Spektren auch mit den Bandenflächen von in Durchlässigkeitsprozenten dargestellten Spektren rechnen [89].

Die manuelle Bestimmung des Extinktionsintegrals ist langwierig und oft ungenau, da eine Umzeichnung der Spektren in logarithmischem Maßstab notwendig ist. Bei genügend großer Darstellung läßt sich dann die Fläche mit einem Planimeter ermitteln, oder man erhält sie durch Auszählen der Quadrate auf Millimeterpapier, oder man wägt die ausgeschnitteten Bandenflächen. Mit automatischen Integratoren erhält man das Ergebnis direkt bereits während der Aufnahme des Spektrums.

Die Zahl der in der Literatur beschriebenen Integrationseinrichtungen mit der Zeit als unabhängiger Veränderlicher ist recht groß. Bei vielen Spektralphotometern hat man es jedoch mit zwei Variablen zu tun, da der Wellenzahlvorschub infolge der automatischen Geschwindigkeitsregelung nicht konstant ist. Der Integrator muß also zwei Eingänge besitzen, von denen der eine die Durchlässigkeitwerte durch Logarithmierung in Extinktionswerte umzuwandeln hat. Bekannt ist der elektromechanische Scheibenintegrator [90]. Eine mit dem Schreibfederantrieb mechanisch gekuppelte logarithmische Kurvenscheibe verschiebt ein Reibrad proportional der Extinktion. Dieses überträgt entsprechend seiner variablen Übersetzung den Wellenzahlvorschub auf eine Kontaktscheibe, die proportional ihrer Drehzahl Impulse auf ein Zählwerk gibt. Trotz hoher mechanischer Präzision ist die erreichbare Genauigkeit nicht ausreichend (etwa $\pm$ 5 %).

Eine andere Art von Integratoren bedient sich eines Servomotors, dessen Drehzahl bei starker Gegenkopplung des vorgeschalteten Verstärkers proportional der Eingangsspannung ist (Prinzip des Elektrizitätszählers). Die Zahl der Umdrehungen wird gezählt oder geschrieben [91]. Diese Anordnung wird bei zeitlinearem Vorschub häufig verwendet, z. B. in der Gas-Chromatographie. Bei zwei Eingängen erhöht sich der Aufwand. Elektronische Integratoren bestehen gewöhnlich aus einem RC-Glied und einem gegengekoppelten Verstärker hoher Verstärkung. Abb. 49a zeigt das Schaltungsprinzip. Infolge der hohen Verstärkung bleibt die Spannung U_g am Eingangsgitter nahezu konstant. Die Aufladung des zwischen Verstärkereingang und gegenphasigem Ausgang liegenden Kondensators ist proportional der an R angelegten Spannung U_e.

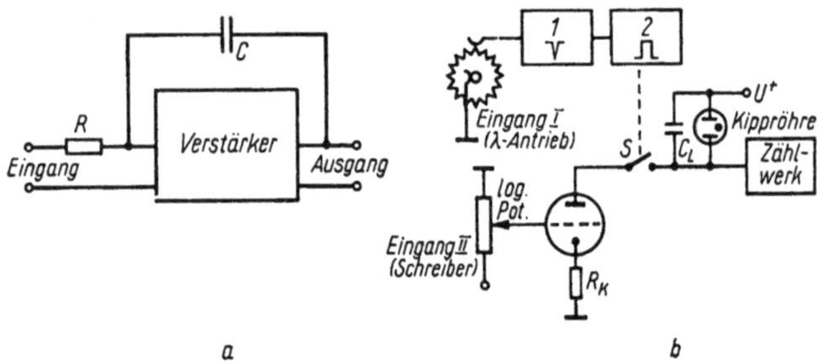

Abb. 49. a) RC-Integrator (Schema)
b) Blockschema eines Extinktionsintegrators [93]

Folglich stellt die Ausgangsspannung U_a das Zeitintegral der Eingangsspannung dar [92]. Wenn die Registriergeschwindigkeit eine beliebige Funktion der Zeit ist, macht sich der Einbau eines Gebers erforderlich, der eine der Geschwindigkeit proportionale Spannung liefert. Diese läßt sich an ein Potentiometer mit logarithmischer Kennlinie anlegen, dessen Schleifer elektrisch am Integratoreingang liegt und mechanisch mit der Schreibfeder verbunden ist.

Bewährt hat sich auch folgende Schaltung des Verfassers [93], deren Funktionsweise aus Abb. 49b hervorgeht. Eingang I ist der Registriergeschwindigkeit proportional. Auf der Antriebswelle des Registriermotors befindet sich ein Frequenzgeber, der entweder als Nockenscheibe mit Kontaktgeber oder als kleiner Generator ausgebildet ist. Die erzeugte Impuls- bzw. Sinusfrequenz ist um so höher, je schneller der Registriermotor läuft. Impulsformer 1 wandelt die ungleichmäßigen Kontaktimpulse bzw. die Sinusfrequenz in negative Nadelimpulse um. Impulsformer 2 erzeugt daraus positive Rechteckimpulse konstanter Länge und Amplitude, wobei die Länge nur so groß gewählt werden darf, daß zwischen zwei Rechteckimpulsen bei maximaler Registriergeschwindigkeit noch ein Abstand von einigen Millisekunden bleibt. Eingang II wird durch den Schleifer eines logarithmischen Präzisionspotentiometers gebildet, dessen Achse mit dem Schreiber mechanisch gekuppelt ist. Die Kennlinie des Potentiometers läßt sich durch zwölf regelbare Parallelwiderstände an entsprechend vielen Anzapfstellen genau abgleichen, so daß in Verbindung mit der Röhrenschaltung eine exakte Umwandlung der Durchlässigkeits- in Extinktionswerte möglich ist. Der Schleifer des Präzisionspotentiometers liegt an dem Steuergitter einer Pentode, deren Anodenstrom infolge der starken Gegenkopplung durch den Katodenwiderstand eine lineare Funktion der Extinktion darstellt. Bei stillstehendem Registriermotor ist der Anodenstrom unterbrochen, d. h. der im Blockschema schematisch gezeichnete Schalter S geöffnet. Nur während der Dauer eines Rechteckimpulses ist S geschlossen, es fließt Anodenstrom und lädt den Kondensator C_L auf, bis er nach Erreichen einer bestimmten Spannung durch eine Glimmlampe wieder entladen wird. Die Entladeimpulse werden nach geeigneter Umformung gezählt. Die Ausführung des Schalters S ist so gestaltet, daß die Rechteckimpulse dem Schirmgitter der Pentode zugeführt werden. In den Impulspausen liegt an dem Schirmgitter eine negative Spannung, die ein Fließen des Anodenstroms verhindert. Während der positiven Rechteckimpulse ist die Pentode geöffnet.

Der beschriebene Integrator arbeitet in einem Extinktionsbereich von 0 bis 1,3 (entsprechend 5 bis 100 %

Durchlässigkeit). Die Reproduzierbarkeit beträgt ± 1 %. An einem Anwendungsbeispiel konnte gezeigt werden, daß bei absichtlicher Verschlechterung des Auflösungsvermögens durch Einstellen einer größeren Spaltbreite die maximale Extinktion der CO-Bande sich um relativ 30 % gegenüber dem Ausgangswert änderte, während der Integralwert nur um weniger als 1 % abnahm. Fehler, die durch „Überfahren" einer Bande bei im Vergleich zur Abgleichgeschwindigkeit zu hoher Registriergeschwindigkeit auftreten, gehen auch in das Integral ein, weshalb man sich vergewissern muß, ob bei weiterer Herabsetzung der Registriergeschwindigkeit keine Änderung der Maxima mehr auftritt.

4.8. Zweitschreiber und ähnliches Sonderzubehör

Oft ist es wünschenswert, unmittelbar nach der Registrierung ein Duplikat des Spektrums zu besitzen, z. B. für Zwecke der Katalogisierung. Dabei soll ein bestimmtes Format bevorzugt werden, damit ein leichterer Vergleich verschiedener Spektren möglich ist. Die Formate sind bei verschiedenen Gerätetypen recht unterschiedlich, bisweilen stimmen auch die Koordinatenmaßstäbe und Richtungen nicht überein. In all diesen Fällen ist die Verwendung eines Zweitschreibers angebracht. Eine besonders geeignete Bauform ist der x-y-Koordinatenschreiber, zweckmäßigerweise ein Pultschreiber. Für die Abnahme der beiden Koordinaten müssen am Spektralphotometer Meßwertgeber vorgesehen werden. Einen dem Abszissenvorschub (Wellenzahl oder Wellenlänge) proportionalen Ausgang erhält man durch Übertragung der Drehung der Welle des Registriermotors (hinter dem Getriebe) mittels Drehmelder oder Umlaufpotentiometer. Durch Variierung des Übersetzungsverhältnisses läßt sich jeder beliebige Maßstab herstellen. Mit Hilfe von Schablonen ist auch eine Umformung von linearer Wellenlänge in Wellenzahlteilung möglich.

Der Ordinatenwert, meist in Prozent Durchlässigkeit, wird einem mit dem Schreibfederantrieb mechanisch gekuppelten linearen Potentiometer, an dem eine konstante Spannung anliegt, entnommen, Durch Änderung des Meßbereichs des y-Verstärkers im Koordinatenschreiber besteht die Möglichkeit der Spreizung oder Schrumpfung des Ordinatenmaßstabs. Bei Wahl einer logarithmischen Charakteristik läßt sich das Spektrum auch in linearer Extinktion darstellen. Falls das Spektralphotometer bereits eine logarithmische Anzeige zuläßt, erhält man durch nochmalige Logarithmierung mit dem Zweitschreiber die sogenannte typische Farbkurve, deren Form von der Konzentration und der Schichtdicke der Substanz unabhängig ist:

$$\lg \frac{I_0}{I} = E = \varepsilon \cdot c \cdot d,$$

$$\lg E = \lg \varepsilon + \lg (c \cdot d) = \lg \varepsilon + C.$$

Die typische Farbkurve stellt also eine Funktion des Logarithmus des Extinktionskoeffizienten von der Wellen zahl dar, wobei Änderungen der Konzentration und Schichtdicke lediglich zu Parallelverschiebungen längs der Ordinate führen. Diese Darstellungsform der Spektren wäre für eine Katalogisierung am zweckmäßigsten, wenn auch der apparative Aufwand recht beträchtlich ist.

In manchen Fällen, besonders bei der Auswertung von Spektren mit mehreren sich überlappenden Banden läßt sich durch Differentiation der Kurve eine bessere Übersicht erreichen (vgl. [2]). Die Maxima und Minima erscheinen in der Differentialkurve als Nulldurchgänge, die Wendepunkte als Maxima und Minima. Auch eine zweimalige Differentiation kann angewendet werden. Das Eingangssignal für den Differentialschreiber läßt sich z. B. einem Tachogenerator entnehmen, dessen Ausgangsspannung der jeweiligen Abgleichgeschwindigkeit proportional ist [94], der also mechanisch mit dem Abgleichmotor gekuppelt ist.

5. Hilfsmittel und Geräte für die Spektrenauswertung

Zur Identifizierung unbekannter Spektren werden Vergleichsspektren benötigt. Größere Sammlungen von IR-, NIR-, UV- und Raman-Spektren wurden zu Katalogen und Karteien zusammengestellt (vergl. [1, 2]). Es ist naturgemäß schwer möglich, aus den vielen tausend Karten eines Katalogs das richtige Vergleichsspektrum herauszusuchen, besonders wenn keine Anhaltspunkte über die Art der Substanz vorliegen. Ein Hilfsmittel zum leichteren Auffinden des gesuchten Vergleichsspektrums ist der Spec-finder (S. P. Sadtler and Sons, Philadelphia), der nach der Lage der stärksten Bande im Spektrum geordnet ist und noch Angaben über weitere starke Banden enthält. In vielen Fällen läßt sich jedoch keine eindeutige Aussage über die stärkste Bande machen, da die Wahl vom Auflösungsvermögen abhängt, oder es tritt durch Verunreinigungen und Beimengungen der Substanz eine Bandenüberlagerung ein, die zu Fehlschlüssen führen kann.

Ein geeigneteres Mittel stellen die Randlochkarten dar (DMS-Kartei), bei denen die Merkmale der Substanz und die stärksten Banden in zwei Lochreihen am Rande der Karten verschlüsselt sind. Mit Hilfe von Stäben (Stricknadeln), die gemäß der Verschlüsselung in einem Sortiergerät durch die Lochreihen gesteckt werden, läßt sich durch Schütteln (von Hand oder elektromechanisch) das gesuchte Spektrum herausfinden. Das Aussortieren vieler tausend Karten nimmt jedoch ziemlich viel Zeit in Anspruch und führt bei häufigem Gebrauch zu einer raschen Abnutzung, so daß ein einwandfreies Funktionieren nicht mehr gewährleistet sein muß.

Schneller zum Ergebnis gelangt man durch maschinelles Sortieren von Maschinenlochkarten (Hollerith-Karten, IBM-System). So gibt es z. B. für die Sadtler-IR-Spektren solche IBM-Karten, die allerdings keinen Aufdruck mehr enthalten und deshalb nur für maschinelles Sortieren geeignet sind. Von einem Original lassen sich leicht maschinell Duplikate herstellen, so daß die Abnutzung keine so große Rolle spielt wie bei den teuren Randlochkarten. Das Sortieren mit Hollerith-Maschinen erfolgt meist nur nach einem Merkmal, wodurch bei einer großen Kartenzahl und Abfragen verschiedener Merkmale trotz der schnellen Arbeitsweise Sortierzeiten von mehreren Stunden entstehen können. Da der Preis der Hollerith-Maschinen recht hoch ist, kommt normalerweise nur eine zentrale Auswertung in Frage, die aber wieder dem Vorteil des schnellen Sortierens entgegenwirkt.

In letzter Zeit wurden in den USA auch Möglichkeiten des Einsatzes elektronischer Rechenautomaten in Erwägung gezogen [95], doch dürfte in diesem Falle das bei den Hollerith-Maschinen zuletzt Gesagte in verstärktem Umfange zutreffen. Ein billiges, leicht zu bedienendes und trotzdem schnell arbeitendes Verfahren zum Aufsuchen des Vergleichsspektrums mit einer bestimmten Bandenkombination gibt es offenbar noch nicht.

Bei quantitativen Bestimmungen von Mehrkomponentensystemen besteht die Aufgabe, ein Gleichungssystem mit einer der Zahl der Komponenten entsprechenden Zahl von Unbekannten aufzulösen. Bereits bei mehr als vier Komponenten ist die Rechenarbeit ziemlich umfangreich. Eine Zeiteinsparung ist durch Anwendung eines Analogierechners einfacher Bauart möglich [96, 97].

Literaturverzeichnis

[1] BRÜGEL, W., Einführung in die Ultrarotspektroskopie, Darmstadt 1957.

[2] KÖSSLER, I., Methoden der Infrarot-Spektroskopie in der chemischen Analyse, Leipzig 1961.

[3] OTTING, W., Der Raman-Effekt und seine analytische Anwendung, Berlin 1952.

[4] MATOSSI, F., Der Raman-Effekt. Braunschweig 1944.

[5] MAYER, F. X., u. LUSZCZAK, A., Absorptions-Spektralanalyse, Berlin 1951.

[6] WEST, W., in WEISSBERGER, A., Physical Methods of Organic Chemistry. Part II, New York 1949, S. 1241–1398.

[7] WILLIAMS, V. Z., Rev. Sci. Instr. **19** (1948) 135.

[8] COLTHUP, N. B., J. Opt. Soc. Am. **40** (1950) 397.

[9] BELLAMY, J. L., The Infra-red Spectra of Complex Molecules, Methuen, London 1958.

[10] HERZBERG, G., Molecular Spectra and Molecular Structure, Toronto, New York 1954.

[11] WEST, W., Chemical Applications of Spectroscopy, New York 1956.

[12] KOHLRAUSCH, K. W. F., Der Smekal-Raman-Effekt, Berlin 1931; Ergänzungsband 1931/37, Berlin 1938.

[12a] BRANDMÜLLER, J., u. MOSER, H., Einführung in die Ramanspektroskopie, Darmstadt 1962.

[13] KAYE, W., Spectrochim. Acta **6** (1954) 257; **7** (1955) 181.

[14] GEPPERT, G., u. KIPKE, L., Chem. Techn. **11** (1959) 427.

[15] LÖWE, F., Optische Messungen des Chemikers und Mediziners, Dresden und Leipzig 1954.

[16] LEHRER, E., Z. techn. Phys. **23** (1942) 169.

[17] LECOMTE, J., in Handb. d. Physik von S. Flügge, Bd. 26, Berlin 1958.

[18] STRONG, J., J. Opt. Soc. Am. **39** (1949) 320.

[19] MERTON, TH., Proc. Roy. Soc., Ser. A, **201** (1950) 187; SAYCE, L. A., Endeavour **12** (1953) 210.

[20] CZERNY, H., u. TURNER, A. F., Z. f. Phys. **61** (1930) 792.

[21] SAXTON, J. H., u. KLINE, D. E., J. Opt. Soc. Am. **50** (1960) 1103.

[22] WALSH, A., Nature **167** (1951) 810; J. Opt. Soc. Am. **42** (1952) 94; **42** (1952) 96; **43** (1953) 215.
HAM, N. S., WALSH, A., u. WILLIS, J. B., J. Opt. Soc. Am. **42** (1952) 496.

[23] COLE, A. R. H., J. Opt. Soc. Am. **43** (1953) 807.

[24] WHITE, J. U., u. LISTON, M. D., J. Opt. Soc. Am. **40** (1950) 29; **40** (1950) 36; **40** (1950) 93.

[25] OETJEN, R. A., ROESS, L. C., J. Opt. Soc. Am. **41** (1951) 203.

[26] SCHWARZ, E., Brit. Pat. Spec. 578187 und 578188; BROWN, D. A. H., CHASMAR, R. P., u. FELLGETT, P. B., J. Sci. Instr. **30** (1953) 195.

[27] GEILING, L., Z. ang. Phys. **3** (1951) 467; ATM, J 2404—2 (1955).

[28] SMITH, R. A., JONES, F. E., u. CHASMAR, R. P., The Detection and Measurement of Infra-Red Radiation, Oxford 1958.

[29] JONES, R. C., J. Opt. Soc. Am. **37** (1947) 879; **39** (1949) 327; **39** (1949) 344.

[30] KORTUM, H., Jenaer Rundsch. **1** (1956) 8; **2** (1957) 36; **2** (1957) 67.

[31] ZAHL, H. A., u. GOLAY, M. J. E., Rev. Sci. Instr. **17** (1946) 511; Golay, M. J. E., Rev. Sci. Instr. **20** (1949) 816; **18** (1947) 347; **18** (1947) 357.

[32] JONES, R. V., J. Sci. Instr. **38** (1961) 37.

[33] GÖRLICH, P., Die lichtelektrischen Zellen, Leipzig 1951.

[34] SCHMEIER, G., Jenaer Rundsch. **6** (1961) 122.

[35] GÖRLICH, P., KROHS, A., POHL, H.-J., u. SCHMIDT, L., Exp. Techn. d. Phys. **5** (1957) 1.

[36] SEITH-RUTHARDT, Chemische Spektralanalyse, Berlin 1958.

[37] STEIMEL, K., Elektronische Speisegeräte, München 1957.

[38] AHRENDT, W. R., Servomechanism Practice, New York 1954

[39] GOLAY, M. J. E., J. Opt. Soc. Am. **46** (1956) 422.

[40] HORNIG, D. F., HYDE, G. E., u. ADCOCK, W. A., J. Opt. Soc. Am. **40** (1950) 497.

[41] SAVITZKY, A., u. HALFORD, R. S., Rev. Sci. Instr. **21** (1950) 203.

[42] HALL, M. B., u. NESTER, R. G., J. Opt. Soc. Am. **42** (1952) 257.

[43] GEPPERT, G., Exp. Techn. d. Phys. **5** (1957) 175.

[44] GEPPERT, G., in Optik und Spektroskopie aller Wellenlängen, Berlin 1962, S. 599.

[45] PLÍVA, J., J. Sci. Inst. **31** (1954) 434.

[46] JACQUINOT, P., in Optik und Spektroskopie aller Wellenlängen, Berlin 1962, S. 327.

[47] SAVITZKY, A., u. BRESKY, D. R., Ind. Engng. Chem. **46** (1954) 1382.

[48] LUFT, K. F., Ang. Chem. B, **19** (1947) 2.

[49] WOODHULL, E. H., SIEGLER, E. H., u. SOBCOV, H., Ind. Engng. Chem. **46** (1954) 1396.

[50] HARTLEY, M. S., Electronics **29** (1956) 132.

[51] BLOUT, E. R., BIRD, G. R., u. GREY, D. S., J. Opt. Soc. Am. **40** (1950) 304.
COLE, A. R. H., u. JONES, R. N., J. Opt. Soc. Am. **42** (1952) 348.

[52] SCHIEDT, U., u. REINWEIN, H., Z. Naturf. **7**b (1952) 270; **8**b (1953) 66.

[53] HOLZMAN, G., Science **111** (1950) 550.

[54] FAHRENFORT, J., Spectrochim. Acta **17** (1961) 698.

[55] NEWMAN, R., u. HALFORD, R. S., Rev. Sci. Instr. **19** (1948) 270; WRIGHT, N., J. Opt. Soc. Am. **38** (1948) 69.

[55a] LAGEMANN, R. T., u. MILLER, T. G., J. Opt. Soc. Am. **41** (1951) 1063.

[55b] ELLIOT, A., AMBROSE, E. J., u. TEMPLE, R., J. Opt. Soc. Am. **38** (1948) 212.

[56] HERTZ, J. H., Exp. Techn. d. Phys. **7** (1959) 277.

[57] TAKAHASHI, S., J. Opt. Soc. Am. **51** (1961) 441.

[58] CARY, H. H., u. BECKMAN, A. O., J. Opt. Soc. Am. **31** (1941) 682.

[59] GEPPERT, G., Exp. Techn. d. Phys. **6** (1958) 79.

[60] MILAZZO, G., Coll. Spectr. Int. VI (Amsterdam 1956), Pergamon Press Ltd., London, S. 474.

[61] KORTÜM, G., u. HAUG, P., Z. f. Naturf. 8a (1953) 372.

[62] LIPSETT, F. R., J. Opt. Soc. Am. **49** (1959) 673.

[63] KORTÜM, G., u. HESS, W., Z. phys. Chem., N. F. **19** (1959) 142.

[64] KEMP, J. W., JONES, J. L., u. DURKEE, R. W., J. Opt. Soc. Am. **42** (1952) 811.

[65] SCHREIBER, G., Exp. Techn. d. Phys. **6** (1958) 85.

[66] PLÍVA, J., SCHNEIDER, B., ŠTOKR, J., u. ULBERT, K., Revue Univ. des Mines, 9. Serie, T. 15 (1959) 483.

[67] NIELSEN, J. R., J. Opt. Soc. Am. **20** (1930) 701; **37** (1947) 494.

[68] BRANDMÜLLER, J., u. MOSER, H., Z. ang. Phys. **8** (1956) 95; **8** (1956) 142.

[69] HANSEN, G., Spectrochim. Acta **3** (1949) 584.

[70] WHITE, J. U., ALPERT, N. L., DE BELL, A. G., J. Opt. Soc. Am. **45** (1955) 154.

[71] GEPPERT, G., Habilitationsschrift Leipzig 1962.

[72] CARY, H., GALLAWAY, W. S., u. GEORGE, K. P., Vortrag auf den Symposia on nuclear spectroscopy in Columbus, Ohio, 1953 und 1955, U. S. Pat. 2940355.

[73] KAPANY, M. S., Scientific American **203** (1960) 72.

[74] KLEIMON, E., Exp. Techn. d. Phys. **6** (1958) 26.

[75] RANK, D. H., u. WIEGAND, R. V., J. Opt. Soc. Am. **36** (1946) 325.

[76] PREUSS, E., Raman-Registrierung mit dem Steinheil-Universal-Spektrographen GH, München 1955.

[77] KINELL, P.-O., Arkiv för Kemi **14** (1959) 337.

[78] HOYER, H., in Houben-Weyl, Methoden der Org. Chemie, Bd. 3, Teil 2, S. 795—900, Stuttgart 1955.

[79] SHURCLIFF, W. A., J. Opt. Soc. Am. **39** (1949) 1048.

[80] HEINTZ, G., u. SIMON, A., Z. phys. Chem. **216** (1961) 67.

[81] MOSER, H., u. STIELER, D., Z. angew. Phys. **12** (1960) 280.

[82] GEPPERT, G., u. SCHOLZ, R., Monatsber. d. DAW zu Berlin **4** (1962) 8.

[83] SIMON, A., KRIEGSMANN, H., u. STEGER, E., Z. physik. Chem. **205** (1955/56) 181.

[84] SCHRADER, B., NERDEL, F., u. KRESSE, G., Z. phys. Chem., N. F. 12, (1957) 132; Z. anal. Chem. **170** (1959) 43.

[85] BERGMANN, G., u. THIMM, G., Naturwiss. **45** (1958) 359.

[86] SCHUBERT, M., Exp. Techn. d. Phys. **8** (1960) 155.

[87] BEHRINGER, J., u. BRANDMÜLLER, J., Z. f. Elektrochem. **60** (1956) 643.

[88] OSWALD, F., Z. f. Elektrochem. **58** (1954) 345.

[89] MECKE, R., u. STARCK, B., Z. f. anal. Chem. **170** (1959) 120.

[90] WILLIAMS, V. Z., COATES, V. J., u. GOARDE, F., Anal. Chem. **27** (1955) 2017.

[91] JENNINGS, A. P. H., J. Sci. Instr. **38** (1961) 55.

[92] MADEY, R., u. FARLY, G., Rev. Sci. Instr. **25** (1954) 275.

[93] GEPPERT, G., in Advances in Molecular Spectroscopy, Proc. IV th International Meeting on Mol. Spectroscopy, Edited by A. MANGINI, Pergamon Press, Oxford 1962, S. 1293.

[94] GREENWOOD, J. A., et al., Electronic Instruments. Rad. Lab. Ser., Vol. 21.

[95] SAVITZKY, A., Anal. Chem. **33** (1961) 25A.

[96] BERRY, C. E., WILCOX, D. E., ROCK, S. M., u. WASHBURN, H. W., J. Appl. Phys. **17** (1946) 262.

[97] MITRA, S. K., Rev. Sci. Instr. **26** (1955) 453.

[98] BRODERSEN, S., J. Opt. Soc. Am. **44** (1954) 22.

[99] FUNCK, E., u. BECKMANN, L., Chem. Ing. Techn. **31** (1959) 711.

Übersetzung wichtiger Fachtermini in die russische und englische Sprache

Abgleichgeschwindigkeit	скорость уравновешивания	balancing speed
Ablenkung	отклонение	deviation
Abschirmung	экранирование	screening
Anodenspannung	анодное напряжение	plate voltage
Anodenstrom	анодный ток	plate current
Aperturblende	апертурная диафрагма	aperture stop
Arbeitswiderstand	рабочее сопротивление	load resistance
Auffangfläche	приемная площадь	target
Auflösungsvermögen	растворимость	resolving power
außeraxial	внеаксиально	off-axis
Austrittsspalt	выходная щель	exit slit
Bandbreite	ширина полосы	band-width
Bandschreiber	ленточный самописец	strip-chart-recorder
Beugung	дифракция	diffraction
Bildzerleger	распределитель изображения	image-slicer
Brechung	рефракция, преломление	refraction
Brechungsindex	коэффициент преломления	refractivity
Brennweite	фокусное расстояние	focal length
Demodulator	демодулятор	demodulator
Dispersion	дисперсия	dispersion
Doppelbrechung	двойное преломление	birefringence
Doppelweg	двойной путь	double-pass
Drehmelder	сельсин	selsyn
Dunkelstrom	темновой ток	dark-current
Durchlässigkeit	проницаемость	transmittance
Eingangsübertrager	входной трансдуктор	input transformer
Einstrahlgerät	однолучевой прибор	single-beam apparatus

Eintrittsspalt	входная щель	entrance slit
Empfindlichkeit	чувствительность	sensitivity
Entwicklung	проявление	development
Erdschleife	петля заземления	earth-loop
Extinktion	экстинкция, гашение	absorbance
Extinktionskoeffizient	коэффициент гашения	absorptivity
Faseroptik	ниточная оптика	fiber-optics
Flächenhelligkeit	излучательная способность	emissivity
Flußspat	плавиковый шпат	fluorite
Gedächtnis-System	система памяти	memory-system
Gegenkopplung	отрицательная обратная связь	negative feedback
Gitter	решетка, сетка	grating
Gitterkopie	решетчатое отражение	replica-grating
Gleichrichter, phasenempfindlicher	выпрямитель, фазочувствительный	lock-in detector
Gleichstrom	постоянный ток	d. c., direct current
Gütefaktor	коэффициент качества	figure of merit
Halbleiter	полупроводник	semiconductor
Hebel, optischer	ручаг, оптический	optical lever
Heizspannung	напряжение нагрева	filament voltage
Justierung	регулировка	adjustment
Kammblende	гребенчатая диафрагма	comb diaphragm
Kohlelichtbogen	угольная дуга	carbon arc
Kollimatorspiegel	коллиматорное зеркало	collimator-mirror
Kombinationsschwingungen	комбинационная вибрация	combination-vibration
Krümmung	привизна	curvature
Kurvenscheibe	шаблон	cam
Küvette, keilförmige	кювета, клинообразная	wedge cell
Küvettenmaterial	материал для кюветы	cell material
Legierung	сплав	alloy
Lichtstärke	светосила	radiant power
Meßstrahl	измерительная струя	sample beam

Nernststift	иголка Нернста	Nernst filament
Oberschwingung	верхняя вибрация	overtone vibration
Phasenunterschied	разность фаз	phase difference
Phasenverschiebung	сдвиг фаз	phase shift
Photowiderstand	фотосопротивление	photoresistor
Prisma	призма	prism
Pultschreiber	пульт-самописец	desk recorder
Rauschen	шум, фон	noise
Rechteckspannung	прямоугольное напряжение	square wave voltage
Reflexion, gerichtete	отражение, направленное	specular reflectance
Reflexionsvermögen	отражательная способность	reflectivity
Reflexionszusatz	отражательная присадка	reflectance attachment
Registriereinrichtung	регистрирующий прибор	recorder
Registriergeschwindigkeit	скорость регистрации	recording speed
Ruß	сажа	carbon black
Schablone	шаблон	cam
Scheibenintegrator	дисковый интегратор	disc integrator
Schichtdicke	толщина слоя	path length
Schirmgitter	экранная сетка	screen grid
Schmalbandverstärker	усилитель узкой ленты	resonance amplifier
Schutzschicht	защитный слой	protection layer
Sekundärelektronenvervielfacher	фотоумножитель, электронный умножитель	photomultiplier
Signal-Rausch-Verhältnis	отношение сигнала к шуму	signal-to-noise ratio
Spalt	щель	slit
Spaltbreite	ширина щели	slit-width
Spreizung des Maßstabs	расширение шкалы	scale expansion
Sprungfunktion	скачкообразная функция	step function
Sternrad	звездообразное колесо	star wheel
Steuergitter	управляющая сетка	control grid
Strahlabschwächer	ослабитель излучений	beam attenuator

Strahlteiler	распределитель излучения	beam splitter
Strahlungsempfänger	радиационный детектор	radiation detector
Strahlungsleistung	мощность излучения	radiant power
Strahlungsquelle	источник излучения	radiation source
Streulicht	рассеянный свет	straylight
Streurohr	ячейка рассеяния	cell
Strichzahl	линейное число	line number
Tablette	таблетка	pellet
Thermoelement	термопара	thermocouple
Trommelmaßstab	барабанная шкала	drum scale
Trommelschreiber	барабанный самописец	drum recorder
Ulbricht'sche Kugel	интегрирующий шар (шар Ульбрихта)	integrating sphere
Vergleichsspannung	эталонное напряжение	reference voltage
Vergleichsstrahl	эталонный источник	reference beam
Vorverstärker	предварительный усилитель	preamplifier
Wärmekapazität	теплоемкость	heat capacity
Wärmeleitfähigkeit	теплопроводность	heat conductance
Wechsellicht	переменный свет	chopped radiation
Wechselstrom	переменный ток	a. c., alternating current
Wellenlänge	длина волны	wavelength
Wellenzahl	волновое число	wavenumber
Widerstand	сопротивление	resistance
Widerstand, spezifischer	сопротивление, удельное	resistivity
Winkeldispersion	угловой разброс	angular dispersion
Wirkungsgrad	коэффициент полезного действия	efficiency
Zapfenelement	шейковая термопара	pin thermocouple
Zeitkonstante	постоянная времени	time constant
Zweistrahl-Spektralphotometer	двухлучевой спектрофотометр	double-beam spectrophotometer
Zuleitung	подача	connection

Sachregister

In der gleichen Reihe erschienen:

DIETER NAUMANN

Allgemeine und angewandte Radiochemie

167 Seiten — 46 Abbildungen — 16 Tabellen — 8° — DM 8,—

GERHARD GAWALEK

Wasch- und Netzmittel

Doppelband 232 Seiten — 31 Abbildungen — 3 Tabellen — 8° — DM 12,50

WOLFGANG WAGNER

Chemische Thermodynamik

190 Seiten — 21 Abbildungen — 2 Tabellen — 8° — DM 8,—

SIEGFRIED HAUPTMANN

Über den Ablauf organisch-chemischer Reaktionen

Doppelband 175 Seiten — 8° — DM 12,50

GÜNTER WAGNER / HANS KÜHMSTEDT

Pharmazeutische Chemie

Doppelband 277 Seiten — 8° — DM 12,50

ERICH GUNDERMANN

Chemie und Technologie des Braunkohlenteers

Etwa 160 Seiten — 10 Abbildungen — 17 Tabellen — 8° — DM 8,—

Bestellungen durch eine Buchhandlung erbeten

THEORIA CUM PRAXI

AKADEMIE-VERLAG · BERLIN

Der Autor

- **gibt einen Überblick über die Bedeutung der Molekülspektroskopie und die Entwicklung der experimentellen Technik**

- **beschreibt die optischen Geräte zur Aufnahme von Spektren im Infrarot, Sichtbaren und Ultraviolett sowie von Lumineszenz- und Raman-Spektren**

- **behandelt das wichtigste Zubehör sowie Zusatzeinrichtungen zu den Geräten**

WISSENSCHAFTLICHE TASCHENBÜCHER

Bei Fragen zur Produktsicherheit wenden Sie sich bitte an:
If you have any questions regarding product safety,
please contact:

Walter de Gruyter GmbH
Genthiner Straße 13
10785 Berlin
productsafety@degruyterbrill.com